廃棄物最終処分場における遮水工材料の耐久性評価ハンドブック

国際ジオシンセティックス学会 日本支部
ジオメンブレン技術委員会 編

技報堂出版

はじめに

国際ジオシンセティックス学会日本支部ジオメンブレン技術委員会では，2009年に「廃棄物最終処分場における遮水シートの耐久性評価ハンドブック」を発刊し，遮水シートの耐久性の評価方法を提案しています。廃棄物最終処分場は，一般的に埋立期間15年を目安に設計されていますが，循環型社会の構築が進捗するとともに廃棄物埋立量が顕著に減少し，供用開始後15年を経過しても残余容量を多く残した廃棄物最終処分場が多数見受けられます。このような背景を受けて，遮水シートの長期耐久性を考慮したハンドブックに改訂することにしました。2019年から2020年にわたり，遮水シートが施工されて約20年以上が経過した埋立地より，大気に暴露されていた遮水シートのみならず保護マットで遮光されていた遮水シートや廃棄物に埋没していた遮水シートをも採取し，長期間の耐久性を評価できる推定方法について検討しました。50年間にも及ぶ長期間の耐久性予測を目的として，埋立地より採取した遮水シートの促進暴露試験を実施し耐久性を評価しました。また，耐久性評価の方法として従来の引張試験等の物理試験や表面観察に加え，遮水シートの劣化メカニズム解明のため遮水シートの表面から深度方向にFT-IRを用いて官能基の判別等の解析を行いました。さらに，遮水工の信頼性向上に関する技術動向として熱画像リモートセンシングとICTを活用した高度な管理技術，光ファイバ技術による新たな埋立地のモニタリング技術等，耐久性評価システムおよび施工に係る信頼性向上のための取り組みの最新の技術を紹介しています。

最後になりましたが，本書が廃棄物最終処分場の設置主体の自治体をはじめとする関係者の方々にとって，有益なハンドブックになることを願っております。現地調査において，ご理解と多大なご協力をいただきました電源開発（株），自治体および廃棄物処理業者の皆様方に心から感謝の意を表します。

令和6年9月

国際ジオシンセティックス学会 日本支部
ジオメンブレン技術委員会
委員長　島 岡 隆 行

国際ジオシンセティックス学会　日本支部　ジオメンブレン技術委員会名簿

（2024年9月現在）

編集委員会名簿

目的と概説

廃棄物最終処分場は，一般的に埋立期間 15 年を目安に設計されるが，3R が促進されて廃棄物の量が減少し，供用開始後 15 年経過してもまだ残余容量を多く残した廃棄物最終処分場が多数見受けられる。IGS ジオメンブレン技術委員会では，2009 年に「廃棄物最終処分場における遮水シートの耐久性評価ハンドブック」（以下，耐久性ハンドブック）を発刊し，遮水シートの耐久性評価方法を提案している。本ハンドブックでは，2019 年および 2020 年に，遮水シートが施工されて約 20 年以上が経過した埋立地よりサンプルを採取し，さらなる長期間の性能を評価できる予測式について検討した。これらの検討から得られた知見を紹介し，遮水シートの信頼性向上のための新しい評価式の提案を行った。

本ハンドブックは，6 つの章から構成されている。

第 1 章では，遮水工材料の概説として遮水シートの設置条件や損傷事例を紹介し，耐久性に係わる主な要因を整理した。

第 2 章では，遮水工の概要として技術的変遷，遮水シート，液状材料および保護マットの種類と製造方法，遮水工の構造について紹介した。

第 3 章では，耐久性評価試験方法と評価データとして既存の耐久性評価への取り組み，諸外国の動向を紹介し，室内促進試験，屋外暴露試験，耐薬品促進試験，耐ストレスクラッキング性について整理した。

第 4 章では，現地遮水工の耐久性評価として，耐久性ハンドブック発刊後さらなる長期の耐久性予測を目的として，追加で採取したサンプル，保護マットおよび一部の遮水シートサンプルを用いて実施した促進暴露試験結果を示した。また，耐久性評価の方法として従来の引張試験や表面観察に加え，遮水シートの断面方向の劣化メカニズム解明のため遮水シートの薄膜材を採取して FT-IR 等の試験も実施し遮水シートの耐久性に及ぼす諸要因や劣化のメカニズム等の解明に寄与する情報を整理した。

第 5 章では，耐久性の評価と推定方法として第 4 章で得た情報を基に遮水シートおよび保護マットの耐久性評価の推定方法について提案した。

第 6 章では，遮水工の信頼性向上に関する技術動向として熱画像リモートセンシングと ICT を活用した高度な管理技術，環境変化に対応した遮水工システムの構築，光ファイバ技術による新たな埋立地のモニタリング技術耐久性評価システムおよび施工に係る信頼性向上のための取り組みの最新の技術を紹介した。

用語の解説

本ハンドブックにおいて使用する用語を次のように定義する。

1）廃棄物最終処分場

生活環境の保全上支障の生じない方法で廃棄物を適切に貯留し，かつ生物的，物理的，化学的に安定な状態にすることができる埋立地とその主要施設，管理施設，関連施設を併せた総体の施設

2）埋立地

最終処分場のうち，廃棄物を埋立処分する場所

3）安定化

廃棄物の中間処理，処分プロセスにおいて，廃棄物が生物的，物理化学的に安定な状態になること，またはその状態

4）主要施設

最終処分場を適切に機能させるための中心的施設をいい，貯留構造物，地下水集排水施設，遮水工，雨水集排水施設，浸出水集排水施設，浸出水処理施設，埋立ガス処理施設などからなる。

5）貯留構造物

廃棄物層の流出や崩壊を防ぎ，埋立てられた廃棄物を安全に貯留するための構造物であり，コンクリートダム形式，盛土ダム形式，擁壁構造などがある。

6）地下水集排水施設

地下水や湧水を有効に集め，速やかに排除するための施設

7）遮水工

浸出水による水質汚濁を防止するための一連の施設である。表面遮水工と鉛直遮水工に大別される。表層遮水工には，遮水シート工，土質遮水工および水密アスファルトコンクリート遮水工などがある。鉛直遮水工には，注入固化工，連続地中壁工および鋼製矢板工などがある。

8）浸出水集排水施設

埋立てられた廃棄物が保有する水分や埋立地内の廃棄物層を通過した保有水を速やかに集排水し，浸出水処理施設に送るための施設

9）浸出水処理施設

埋立地内の浸出水集排水施設により集められた保有水を処理する浸出水処理設備のほかに，浸出水取水設備，浸出水調整設備，浸出水導水設備，処理水放流設備などからなる。

10）浸出水処理設備

浸出水を放流先の公共の水域や地下水を汚染しないように，生物的，物理化学的に処理するための施設

11）浸出水調整設備

浸出水処理施設に流入する浸出水の水量や水質を調整し均一化するための設備

12）埋立ガス処理施設

埋立地から発生するガスを排除するために埋立地内部に設置される堅型あるいは法面上に設置される通気設備をいい，その多くは浸出水集排水施設を兼用している。

13）管理施設

最終処分場を適切に管理するための施設をいい，搬入管理施設，モニタリング施設，管理棟，管理道路，洗車場などからなる。

14）搬入管理施設

最終処分場に搬入される廃棄物の計量，質の分析や展開検査と記録管理などを行なうための施設

15）管理道路

最終処分場の諸施設の日常管理や保守・点検，防火・安全管理などのほかに資材などを搬出入するための道路

16）関連施設

主要施設や管理施設とともに最終処分場の運営・管理を効率よく安全に実施するための施設をいい，埋立前処理施設，搬入道路，飛散防止設備，立札・門扉・囲障設備，防火設備，防災設備などからなる。

17）埋立前処理施設

埋立処分を行う前処理のための施設。廃棄物の破砕・選定処理，溶融処理，廃棄物の洗浄処理などの施設

18）搬入道路

廃棄物や覆土材を最終処分場へ搬入するための道路である。一般車両も利用する公共道路と公共道路と最終処分場にいたるまでの範囲とし，埋立地内に設置される場内道路とは区別する。

19）飛散防止設備

廃棄物が強風や鳥類などによって飛散し，埋立地周辺の環境を汚染することを防止するための設備である。一般に覆土の励行，散水などの日常管理と併せて飛散を防止する。

20）防災設備

最終処分場で発生するおそれのある災害を未然に防止するための設備で，防災調整池，砂防施設・地すべり防止施設などがある。

21）雨水集排水施設

埋立地外に降った雨水が埋立地内に流入しないように，また埋立前の区画に降った雨水が廃棄物層に流入しないように雨水を集排水するための施設

22）維持保全

対象物の初期性能および機能を維持するために行う保全

23）ジオコンポジット

狭義のジオテキスタイル，ジオグリッド，ジオネット，ジオメンブレンなどを任意に組み合わせて一体とした資材

24）ジオシンセティックス

地盤に土以外の人工材料を組み合わせることにより，土構造物の機能を高めたり付け加えたりする工法で使用される主に高分子材料からなる面状，棒状，帯状，パイプ状などの資材で，広義のジオテキスタイル，ジオメンブレンおよびジオコンポジットの総称

25）ジオシンセティッククレイライナー

顆粒状あるいは粉末状のベントナイトを２枚のジオテキスタイルに挟み込んだり，ジオメンブレンに貼り付けたりした資材

26）ジオテキスタイル

土構造物の強化，安定，保護のために用いられる合成高分子素材からなる繊維シート，ネット，グリッドなどの面状補強材とこれらの複合資材

27）遮光性不織布

遮水層の表面を日射による劣化を防止するために必要な遮光の効力を有する繊維で作った布状の資材およびそれと同等の機能を有する資材

28）遮水工破損（漏水）検知設備

遮水工の破損，漏水を検知する設備

29）遮水工材料

遮水シート，液状材料，保護マットなどの総称

30）遮水システム

遮水工，地下水集排水施設，雨水集排水施設，浸出水集排水施設，モリタリング施設の総称

31）遮水シート

合成ゴム・合成樹脂系などを材質とし，透水性の極めて小さい，または不透水性の膜状構造で，土木などの用途に使用される資材である。保有水などの浸出を防止するために必要な遮水の効力，強度および耐久力を有し，埋立地内の底部および斜面などに設けられる不透水性の遮水材料のうち，シート状の資材で，ジオメンブレンともいう。

32）遮水層

浸出水に含まれる汚染物質の埋立地外部への流出を防止するために埋立地内の底部および斜面などに設けられる必要な数の不透水性の資材などによる構造物

33）準好気性埋立構造

埋立地内への空気の侵入を促進させる埋立地の構造

34）修復

対象物の性能または機能を現状あるいは使用上支障のない状態まで回復させる行為

35）浸出水

埋立地の外に排出された保有水など。本書では，49）保有水等を含め，浸出水として表記している部分もある。

36）シングルシーム

遮水シート同士の接合部における一重融着接合

37）耐久性

施設またはその構成要素（材料）の劣化に対する抵抗性

38）耐久性能

施設またはその構成要素（材料）の性能をある水準以上の状態で継続して維持する能力

39）耐用年数

施設またはその部分が使用に耐えられなくなるまでの年数

40）ダブルシーム

遮水シート同士の接合部における二重融着接合

41）調整池

保有水等集排水設備により集められ，浸出水処理設備に流入する浸出水の水量および水質を調整できる耐水性のある貯留設備

42）点検

対象物が機能を果たす状態および対象物の劣化程度を調べること。

43）発生ガス排除設備

埋立地から発生するガスを排除するために埋立地内部に設置される竪型通気設備（竪型保有水等集排水設備を兼用するものを含む）または法面に設置される通気設備

44）覆土

廃棄物を埋立後に廃棄物の飛散防止，臭気軽減として使用される土（砂を含む）

45）保護土

底面部の表面保護として遮水シート上に保護マットと共に約 50 cm 程度の厚さで敷設される土（砂を含む）

46）保護マット

一般的には合成繊維不織布で，法面には遮水シート上の遮光性不織布，二重遮水シート中間の不織布，底面には遮水シート下の不織布および遮水シート上の不織布など，遮水シートを保護する目的で使用される資材

47）保守

対象物の初期性能および機能を維持する目的で周期的または継続的な軽微行為

48）保全

対象物の全体または一部の機能および性能を使用目的に適合するように維持または改良する諸行為

49）保有水等

埋立てられた廃棄物が保有する水分および埋立地内に浸透した地表水

50）目標耐用年数

使用上の要求から設定された計画耐用年数

51）モリタリング施設

最終処分場の埋立中，埋立終了後を通じて，水質，埋立ガス，搬入廃棄物の量と質，地下水質，

騒音・振動，廃棄物の飛散などを監視するための施設

52）有害物質

排水基準を定める総理府令（昭和46年総令第35号．以下，「排水基準令」という）別表第1の上段に掲げる物質

目　次

第１章
遮水工材料の概説

1.1 遮水工材料の種類

廃棄物最終処分場の遮水構造は，二重の遮水シート構造，遮水シートと土質系遮水材との組合せ，遮水シートとアスファルトコンクリートとの組合せなどがあり，廃棄物に最も近い場所に遮水シートが敷設される構造となっている。本ハンドブックで対象とする遮水工材料の種類を**図-1.1.1**に示す。これらの特性は，要求機能を評価するための必要特性によって評価される。必要特性には，遮水シートおよび保護マットそのものの固有特性を評価する材料特性とこれらが設置された環境条件での特性を評価する機能特性がある。IGSジオメンブレン技術委員会で取りまとめた遮水シートおよび保護マットの要求機能と必要特性を**表-1.1.1**に示す。なお，表中の◎，○，△は，

◎：法律等で示されている最重要性能評価項目[1),2)]

○：上記以外の一般的に示されている重要な性能評価項目[3)]

△：公的に発表された資料に示されている性能評価項目[4)]

で分類している。

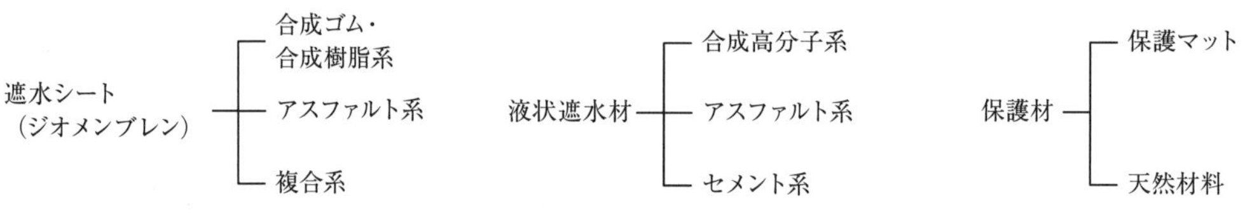

図-1.1.1　本ハンドブックで対象とする遮水工材料の種類

表-1.1.1 要求機能と必要特性 [1)~4)]

○遮水シート

要求機能				必要特性		設定条件
				材料特性	機能特性	
浸出水の漏水防止	環境条件	屋外暴露	耐候性	◎		暴露期間
			耐熱老化性	◎		
			温度依存性	◎		
		埋立荷重	耐圧縮性		△	不陸，埋立荷重
			貫入抵抗性		○	貫入抵抗値
			ストレスクラッキング	◎	○	折り曲げ荷重
		外傷	耐衝撃性		△	
		クリープ	素材伸縮	△		勾配，埋立方
			埋立荷重		△	法，敷設時期
			地盤沈下		△	沈下量
		浸出水	耐薬品性	◎		薬品
			耐水性	◎		
			耐菌性 耐バクテリア性	△		
	施工条件	車両走行	耐車両走行性 (引きずり，外傷性)		◎	遮水構造
		接合部	接合性	○		発生応力
			耐クリープ性		△	
			水密性		△	
		構造物取り合い部固定工	水密性		△	固定形状，固定材料
			引抜強度		△	
			耐風性		△	
		立地条件	施工性		◎	立地条件
	システム付帯条件	ガス抜処理	通気性		△	
		湧水処理	排水性		△	
環境安全条件		有害物質	溶出性	◎		総理府令 35 号

○保護マット

要求機能				必要特性		設置条件
				材料特性	機能特性	
遮水シートの保護	環境条件	屋外曝露	耐候性	◎		曝露期間
			遮光性	◎		
		埋立荷重	耐圧縮性		△	不陸，埋立荷重
			貫入抵抗性		○	貫入抵抗値
		外傷	耐衝撃性		△	
		クリープ	埋立荷重		△	勾配， 埋立方法
			地盤沈下		△	沈下量
		浸出水	耐薬品性	△		薬品
			耐水性	△		
			耐菌性耐バクテリア性	△		
	施工条件	車両走行	耐車両走行性		◎	遮水構造
		接合部	接合性	△		発生応力
			耐クリープ性		△	
			耐風性		△	
		構造物取り合い部固定工	耐クリープ性		△	環境条件
			引抜強度		△	
		立地条件	施工性		△	立地条件
	システム付帯条件	湧水処理	排水性		△	
環境安全条件		有害物質	溶出性	◎		総理府令 35 号
		火	耐火性		△	構造

◎：法律等で示されている最重要性能評価項目 [1),2)]
○：上記以外の一般的に示されている重要な性能評価項目 [3)]
△：公的に発表された資料に示されている性能評価項目 [4)]

1.1.1　遮水シート

遮水シートは，合成ゴム系および合成樹脂系の高分子系材料を用いたものとアスファルトやベントナイトを加工したものに大別される。その概要を**図-1.1.2**に示す。

なお，アスファルト系吹付タイプは次節1.1.2液状材料と重複するが，ここでは，参考文献の通りに記載する。

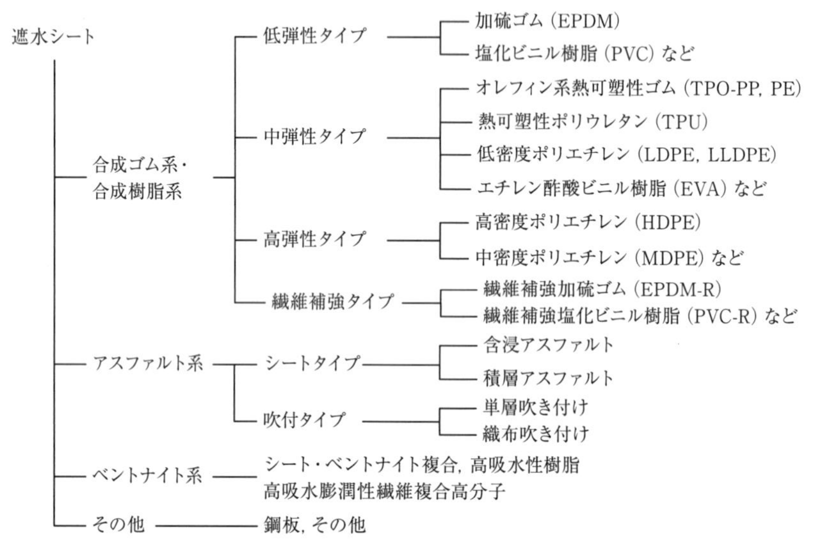

図-1.1.2　遮水シートの分類[5)]

1.1.2　液状材料

液状材料の分類を**図-1.1.3**に示す。

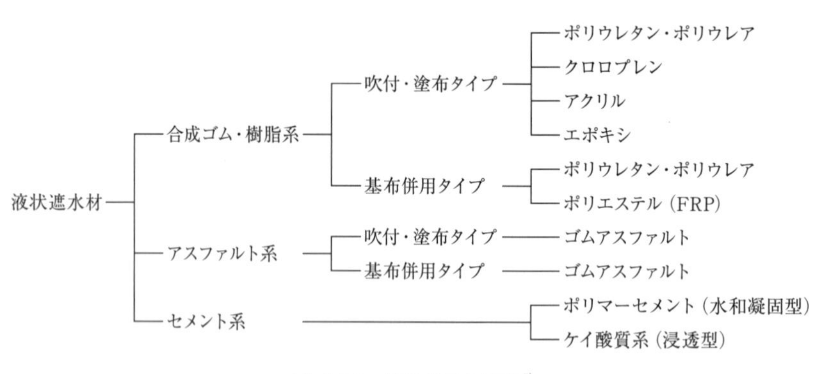

図-1.1.3　液状材料の分類[5)]

1.1.3　保護マット

保護材料には，天然保護材と人工保護材があり，保護マットは人工保護材に位置付けられる。**図-1.1.4**に保護材料の種類を示す。

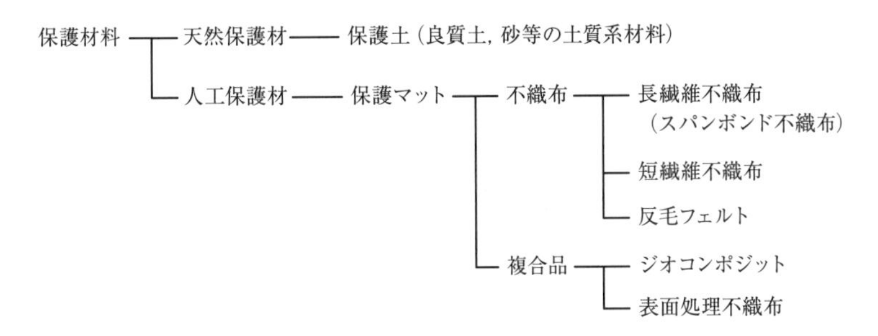

図-1.1.4 保護材料の分類[4)]

1.2 遮水工の設置環境

遮水シートの設置環境は，廃棄物を埋立てる前後および法面部と底面部で条件が異なる。廃棄物最終処分場の構造・維持管理基準の強化・明確化を目的に1998年6月16日公布された「一般廃棄物の最終処分場および産業廃棄物の最終処分場に係る技術上の基準を定める命令の一部を改正する命令」(総理府，厚生省の基準省令）では，遮水構造のうちの遮水工材料（遮水シート，保護マット）の耐久力について**表-1.2.1**のような定義を行っている。しかし，**表-1.2.1**に示した主な耐久力の項目についても個別評価と相互の関連などについては未解明な点が多く，今後さらに検討を重ねていく必要がある。

表-1.2.1 基準省令で挙げられている主な耐久力の項目

項　目	内　容
耐候性	遮水シートは，紫外線や風雨等の影響によりその品質が劣化するおそれがあることから，紫外線に長期間暴露したとしても引張りに対する遮水シートの強度や伸び率が，暴露前と比較して大きく劣化しない性質を有すること。 一般に，保護マットは基礎地盤と遮水シートの間，あるいは二重の遮水シートの中間に敷設されるため長期間にわたって暴露される可能性は少ないが，施工中や現場での荷積み段階で劣化が生じることのないよう十分な耐候性を有していること。日射の影響を遮水シートに及ぼさない目的で用いられる保護マットは，遮水シート上に保護土あるいは埋立廃棄物により日射が遮蔽されるまでの間，劣化が生じることのないよう十分な耐候性を有していること。
熱安定性	遮水シートの表面温度は直射日光により夏期には約60℃から70℃まで上昇する一方，冬期は氷点下約20℃まで低下する可能性があり，また，廃棄物の分解反応により埋立地内部の温度が上昇することがあるため，これらの温度変化に対する耐性を有すること。
耐薬品性	遮水シートは，埋立地の保有水等の水素イオン濃度を想定して，酸性およびアルカリ性に耐えうる性質を有すること。そのほか，耐油性，その他の埋立てられる廃棄物の化学的な性状に対する耐性を有すること。 保護マットが基礎地盤に敷設される場合は，周辺地盤や地下水の化学的な性状に対する耐久性を有すること。埋立地の保有水などの水素イオン濃度を想定した酸性およびアルカリ性に耐えうる性質を有することや埋立てられる廃棄物の化学的な性状に対する耐性を有すること。
その他	遮水シートは，大気中のオゾンの影響による品質劣化や，曲げによる応力が継続した場合に発生するひび割れ（ストレスクラック）に対する耐久性を有すること。

(1) 遮水工の施工から廃棄物の埋立までの期間

法面部に敷設された遮水シートや保護マットは，太陽光の直射や台風などの暴風雨に曝される状態にあり，紫外線や気温の変化および風水害により劣化作用を受ける。特に，不織布などの保護マットは，乾燥・湿潤および凍結・融解などによる膨潤・収縮により劣化作用を受ける。底面部では，砂などの保護材が50 cm 以上の厚さで敷設されるため，遮水シートおよび保護マットともに自然環境による劣化作用の影響は少ないと考えられる。

(2) 廃棄物埋立後

廃棄物埋立後の遮水シートおよび保護マットは，廃棄物や保有水に接触することとなり，廃棄物から発生する浸出水，分解熱および微生物などによる劣化作用を受ける。さらに，廃棄物埋立てによる圧密や上載荷重により，遮水シートや保護マットが固定工を境に引張りを受け，ストレスによる劣化作用を受ける。

(3) 遮水シートの暴露状態

1998 年の基準省令により，遮水シートに劣化の恐れがある場合には，遮光性を有する保護マット（以下，遮光性保護マット）の設置が義務付けられているが，基準省令改正以前に建設された廃棄物最終処分場では，まだ遮光性保護マットが施されていない場所もあり，直接紫外線，温度および風水などの影響を受けている。遮水シートの紫外線劣化防止として遮光性保護マットには，長繊

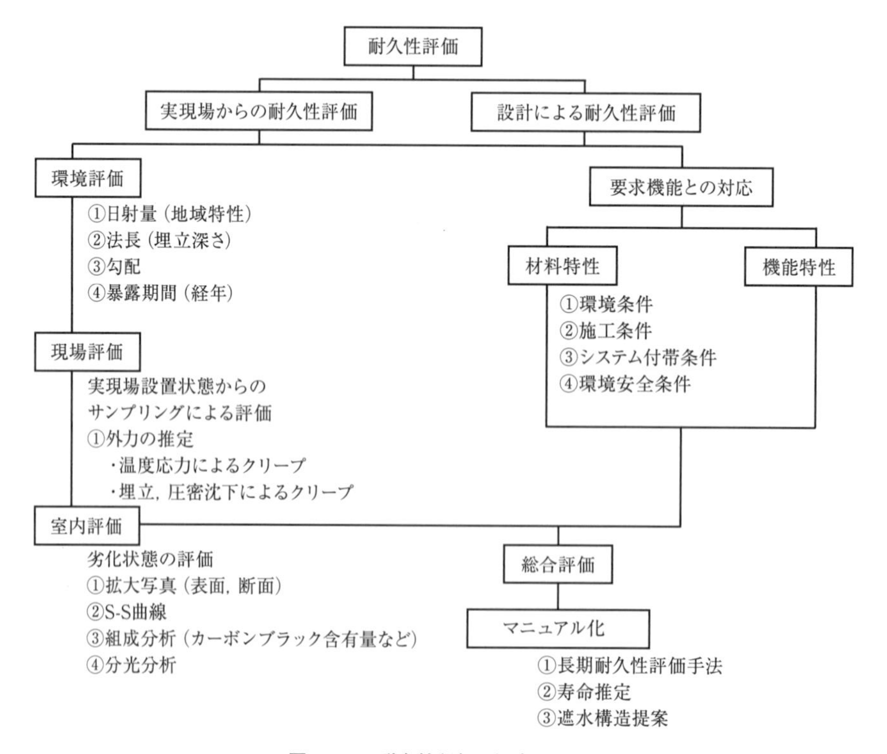

図-1.2.1　耐久性評価の概念フロー

維および短繊維などの不織布が多用されている。その接合方法として，熱融着，接着剤あるいは縫製などがある。最も外部から影響を受ける不織布の寿命は，一般的には10年程度といわれており，材料劣化や強風などにより接合部の剝がれが発生している。このような不具合発生の未然防止として，計画的な維持管理を実施する必要がある。遮水シートおよび保護マットの耐久性評価の概念フローを**図-1.2.1**に示す。

1.3　遮水工材料耐久性の概説

1.3.1　遮水工材料の損傷事例

廃棄物最終処分場には遮水工として遮水シートおよび保護マットが設置され，遮水シートに求められる機能が果たせなくなったとき，すなわち機能損傷が生じたとき，遮水シートは「劣化した」あるいは「損傷を受けた」と表現することができる。機能損傷に至る要因には，外的要因によるものと内的要因，すなわち材料そのものの変質によるものに分類できる。外的要因とは，施工不良(接合不良など)，突起物による突刺，クリープ荷重など設計・施工上の問題がかかわっている。一方の内的要因としては，遮水シートを構成する高分子材料の劣化が挙げられるが，被覆の有無，紫外線，温度，化学物質への暴露などが高分子材料の劣化に大きな影響を及ぼすと考えられる。遮水シートの設計・施工にあたっては，材料の劣化を正しく予測検討し，維持管理を適切に行うことにより，機能損傷に至らないようにすることが重要である。

最近では遮水工に関するいくつかの損傷事例が報告されている。文献7）～11）では，**表-1.3.1**に示すように損傷の要因ごとに事例が報告されている。**表-1.3.1**より，遮水シートの損傷原因は次のように要約できる。

①　設計および施工に起因する損傷が全体の約1/4を占めており，遮水材料は強度部材でなく，特に遮水シートの接合部に大きな負荷がかからないように選定材料に応じた設計が重要である。また，遮水工施工後の基盤の平滑性と安定性が確保され，設計通り構築する施工管理が適切になされることも重要である。

②　気象条件に起因する損傷として，遮水シートの耐久性にかかるものが全体の約1/4を占めており，適材適所の耐久性を考慮した材料および仕様選定が必要である。

③　供用中の埋立作業に起因する損傷が全体の約半分を占めており，遮水シートに外力を及ぼさない埋立管理（埋立物の質管理も含む）が必要である。

同様に**表-1.3.1**より，保護マットの損傷要因については，次のように要約できる。

①　気象条件に起因する損傷として，紫外線劣化と強風による剝離が約1/4を占めている。

②　鳥獣類に起因する損傷として，約半分を占めている。

損傷原因はさまざまであるが，損傷が発生した場合の早期修復対応が重要で，維持管理のための継続的な機能検査が望まれる。

表-1.3.1　遮水シートおよび保護マットの損傷の分類と損傷事例[7)〜10)]

分類	具体的内容	IGS日本支部調査損傷事例[7)]		NPO・LS研調査損傷事例[8)]		地盤工学会損傷事例[9)]	廃棄物学会損傷事例[10)]	欧米の現地調査による遮水シートに関する損傷事例[11)]		
		遮水シート（%）	保護マット（%）	遮水シート（%）	保護マット（%）	遮水シート（%）	遮水シート（%）	1996年事例（%）	1999年事例（%）	2000年事例（%）
気象条件に起因する損傷	紫外線による劣化				6	21				
	強風によるはがれ	23	27	21			13			
	雨水処理の不適切				19	4				
立地条件に起因する損傷	湧水による破断					9				
	ガス発生					2	8			
	地盤沈下			2						
設計に起因する損傷	固定の不適切				6					
	余裕代の不足						8			
	固定工の構造欠陥				6					
	地盤沈下，陥没			2		13	8			
施工不良に起因する損傷	法面の崩壊・滑落	20		5	6	5				（接合部）
	接合不良			14			25	20		6
	接合部のはがれ							5		（切断）
	下地地盤の突起物			6		9	17			1
										（砕石）
										71
埋立作業に起因する損傷	保護覆土	26	28	36				（土敷設時）	（土敷設時）	（作業員）
	落下物，廃棄物	19		7		5		73	100	6
	重機					32		（シート敷設後）		（重機）
	法肩露出部							2		16
鳥獣類に起因する損傷			20	7	57		13			
その他		12	25	6			8			

1.3.2 劣化・耐久性に係わる主な要因

遮水工を構成する高分子材料の劣化･耐久性を決定する主な要因は，素材（原材料），製品（製法，製造プロセス），周辺環境，外力について**図 -1.3.1** のようにまとめることができる。

高分子材料に作用する劣化因子は一般に，化学的なもの，物理的なもの，生物的なもの，その他に分類される。一つの劣化因子を評価する上では，「強さ×時間（回数）」のエネルギー概念を導入することで，現実的な劣化現象と劣化因子の相関を説明することが理論的には可能となる。しかし，複数劣化因子の相乗作用やある劣化現象が別の劣化現象の原因となることもあり，実際の現象はかなり複雑であることが多い。

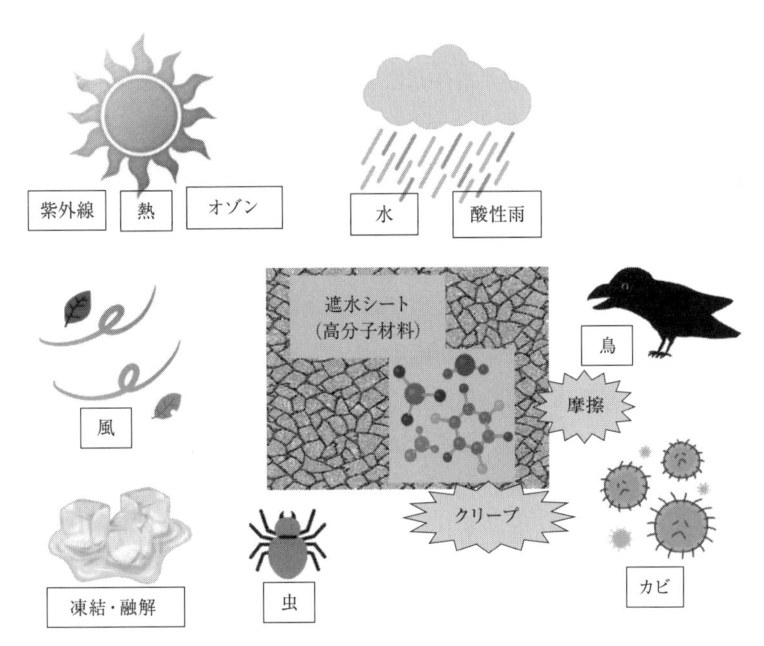

図 -1.3.1　遮水工材料に及ぼす周辺環境の外的因子

(1) 個々の劣化因子とその概要

一般的な土木構造物・建築構造物の劣化因子を**表 -1.3.2** に示す。

表 -1.3.2　一般的な土木構造物・建築構造物の劣化因子

分　類	因　子
(ア) 化学的劣化因子	温度（熱），水分（水，水蒸気など様々な状態），日射（紫外線，可視光線，赤外線），オゾン，硫黄酸化物（二酸化硫黄），窒素酸化物，硫化水素ガス，アンモニアガス，炭酸ガス（二酸化炭素），塩分（海塩粒子），酸・アルカリ，薬品類，油類など
(イ) 物理的劣化因子	磨耗，クリープ，変形，疲労，風，熱膨張・収縮，凍結・融解，乾燥・湿潤など
(ウ) 生物的劣化因子	カビ・腐朽菌，藻類，虫類，鳥獣類など
(エ) その他の劣化因子	煤煙，塵埃，土砂など

高分子材料を原材料とする遮水シートおよび保護マットの劣化は，大気中に暴露された場合に紫外線により共有結合が損傷して変化を伴う光化学的劣化，温度（熱）による酸化劣化および水（気中の乾湿繰り返し，薬品の溶液を含む）などによる化学反応を伴う化学的劣化あるいは共有結合が損傷しないで材料の結晶変化に伴う膨潤や抽出などの物理的劣化が主な劣化因子と考えられる。その他，土中に置かれた場合の主な劣化因子がある。

（ア）化学的劣化因子，（イ）物理的劣化因子，（ウ）生物学的劣化因子の劣化因子の概要と評価する際の留意点を以下にまとめた。

（ア）化学的劣化因子

化学的因子とは，材料を化学的に変化させる，分子レベルで物質そのものが他の分子と反応して別の物質に変化させたり，分子やマトリックス界面での結合状態を変化させるような因子をいう。

(a)　温度（熱）

材料が高温の空気（酸素）と接触することにより酸化作用や他の因子が関わり，劣化反応の速度を高めるなどの作用がある。一般にいわれている「温度10℃上昇すると，劣化速度が2倍になる」といった化学反応速度論的な考え方に基づくと，20℃ 1 000時間の劣化は，30℃ 500時間，40℃ 250時間の劣化と同じになり，高温状態下では短時間で著しい劣化を引き起こす。ただし，10℃ 2倍則は経験則であるため，あくまで目安であり，材料によって劣化形態は異なり，積算温度や平均温度という概念では説明することができない。したがって，「劣化部分の温度」と「時間」という要素を考慮して整理する必要がある。

(b)　水分（水，水蒸気などさまざまな状態）

材料が水分と接触することにより，加水分解を起こしたり，表面に溶出した添加剤や可塑剤などの成分を流出させたりする作用がある。水分が材料と接触する時間「表面濡れ時間」，材料表面に極薄い水膜が存在する回数「表面濡れ回数」，温度の影響「表面水温度」，材料自体に含まれる水分の量「含水率」が係わる。

(c)　日射（熱作用）

太陽光に含まれる赤外線が材料に当たり，温度を高める因子で，その内容は（a）温度（熱）と同じ作用がある。

(d)　紫外線

太陽光に含まれる紫外線は，有機系高分子材料（塗料，プラスチックス，ジオメンブレン類，シーリング材など）の劣化因子であり，架橋・分解反応を起こす。材料の種類毎に特定の波長域の紫外線が劣化に関係する。特に表面に現れる劣化現象とは相関が強い。現状では，紫外線劣化を防ぐために，「紫外線吸収剤（防止剤）」などを添加することで対処される。

(e)　オゾン

強い酸化作用がある大気汚染物質であり，「オキシダント」に含めて評価される。

(f)　酸性雨

空気中の二酸化硫黄（SO_2）や窒素酸化物（NOx）などを起源とする酸性物質が溶け込んだ雨で，金属類の腐食の原因であるとともに，水が関与する劣化作用の触媒的な側面もある。酸性雨の劣化作用は「成分」,「濃度」,「時間」の要素に分けられる。

(イ) 物理的劣化因子

物理的因子とは，材料の分子構造には変化を与えない劣化因子である。

(a) 摩耗

材料が摺れあう部分，特に材料と下地の間にある「介在物質」が関係する。

(b) クリープ・変形

高温になると材料が柔らかくなり，自重や荷重による熱変形や熱膨張による寸法変化に伴い反り，あばれ，目透きなどを生ずる。また，材料によっては「温度依存特性」が顕著である。材料が「吸湿変形」することでも寸法変化を生じる。

(c) 疲労

下地の目地や亀裂部分に使用される材料は，目地幅や亀裂幅が変化し，繰返引張，圧縮およびせん断作用を受けて疲労破断する。「下地の温度変化」,「下地の湿度変化」が，寸法変化の原因となる。疲労現象として解析する場合,「振幅」と「繰返回数」を同時に考えなければならない。

(d) 風

材料に当たって「風圧力」となって作用する。また，材料の固定方法によっては「振動」を引き起こし，疲労破壊や飛散損傷を招くことがある。

(e) 熱による膨張・収縮

「温度変化」により，材料の寸法が変化しさまざまな障害が生ずる。「表裏の温度差」があると，材料に反りを生ずる。熱膨張率が異なる素材で構成される複合材料では，相互の寸法変化を拘束することで界面にストレスが生じる。

(f) 凍結・融解

材料中に浸透した水分が凍結して体積が膨張するため，材料の組織を破壊する。「凍結・融解温度」が凍害の指標となるが，一旦凍った水が氷点温度以下で固体として挙動するので「氷結水の熱膨張」も寒冷地では問題になる。さらに，凍結と融解の「繰返回数」も重要な意味を持つ。それ以外に，氷の落下や滑動による損傷もある。

(g) 乾燥・湿潤

「湿度変化・含水率」の変化により，材料の寸法が変化し，その「繰返作用」が考えられる。

(h) 動植物類等

鳥獣類のくちばし，爪，草木の根の侵入による損傷の可能性もある。

(ウ) 生物的劣化因子

生物的因子とは，生物が関連する劣化因子である。

(a) カビ・腐朽菌

材料中の成分，あるいは付着した養分を使って成長する。材料の外観を損なうばかりか，組織を破壊して劣化させる。適当な温度や水分などの「成育条件」があると，被害を受ける可能性がある。

(b) 虫類

アリなどの小動物による分泌物での損傷の可能性もある。

(2) 遮水シートの主要な劣化要因

高分子材料を原料とする遮水工材料の劣化には，紫外線，温度および水が主因子になる。ここでは，特に紫外線の影響について示す。

(ア) 紫外線の特徴

太陽光からの日射は，波長により，赤外線，可視光線および紫外線に分けられる（**図-1.3.2**）。可視光線よりも波長の短いものが紫外線である。紫外線（UV：Ultraviolet rays）の中でも，波長の長いほうからA・B・Cと大別されている。フロン等によりオゾン層が破壊されると，地上において生物に有害な紫外線（UV-B）が増加し，生物への悪影響が増大することが懸念されている。また，夏と冬では太陽光の入射角により対流圏を通過する距離に差があるため，日本では夏の方が紫外線量は多い。

高分子材料の劣化の主要因である紫外線の特徴を**表-1.3.3**に示す。紫外線は，光化学的作用が強いため，別名，化学線とも呼ばれ，紫外線の波長は，太陽光に含まれる電磁波の内，波長は可視光

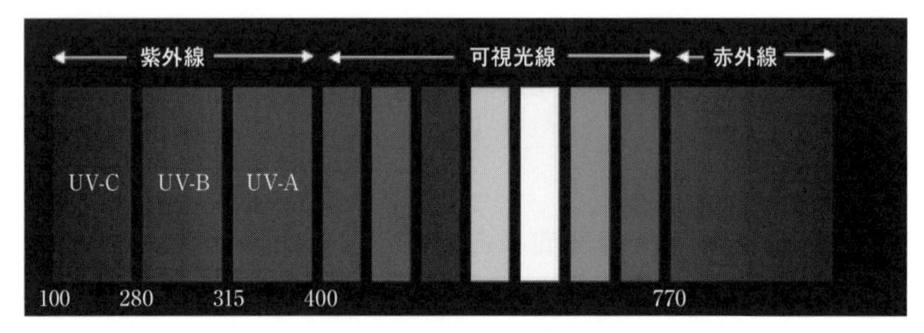

図-1.3.2　波長による紫外線の分類[12]

表-1.3.3　光の種類と特徴

種類		波長（nm）	割合（%）[13]	特　徴
近紫外線	紫外線 UV-A	315～400	5.8	大気による吸収をあまり受けずに地表に到達する。生物に与える影響はUV-Bと比較すると小さい。
	紫外線 UV-B	280～315	0.2	成層圏オゾンにより大部分が吸収され，残りが地表に到達。生物に大きな影響を与える。
遠紫外線	紫外線 UV-C	100～280	0	成層圏およびそれよりも上空のオゾンと酸素分子によって全て吸収され，地表には到達しない。
	真空紫外線 VUV	10～200	−	酸素分子や水蒸気分子によって吸収されるため，地表には到達しない。真空中でないと透過しないため「真空紫外線」と呼ばれる。
極端紫外線		10～121	−	極端紫外線は，物質の電子状態の遷移により放出される。X線との境界はあいまいである。
可視光線（VIS）		760～3 000	52	電磁波のうち，ヒトの目で見える波長の光
赤外線（IR）	近赤外	780～3 000	42	可視光線の赤色より波長が長く（周波数が低い），電波より波長の短い電磁波
	中赤外	3～15 μm		
	遠赤外	15～100 μm		

線より短く，X 線より長い電磁波の範囲に相当する。暴露試験評価では，波長 280～400nm の範囲の紫外線が対象とされる。

（イ）紫外線による劣化

紫外線劣化は光に起因する分子構造の化学変化であり，これはすべての光の波長の範囲で生じるが，前述の通り地上に届く太陽光の内，可視光線などに比べて紫外線のエネルギーが大きいことから，特に紫外線による劣化が取り上げられる。

（ウ）劣化のメカニズム（ラジカル反応）

遮水シートの劣化のうち酸化は重要な現象であり，力学的には，一般的に破断強度が見かけ上増加し，伸び率は減少する傾向にある。さらに，劣化が進行すれば，体積収縮が起こり，材料の外観としては表面にひび割れが発生するとともに変色したり，電気的な性質が変化することもある。概念的には，合成樹脂系遮水シートの酸化は 3 つの段階として捉えられる[14)]。**図 -1.3.3** に示すように，（A）酸化防止剤の消耗期間，（B）高分子材料の劣化が開始するまでの誘導期間，（C）ある特性が任意の水準（例えばその初期値の X %）まで低下するまでの高分子材料の劣化時間として表される。第一段階の酸化防止剤の消耗期間は材料と暴露条件に依存し，温度が高ければ消耗に要する期間は短くなり，浸出水に暴露した条件であればさらに短くなる。酸化防止剤が消耗した後の酸化の初期段階では，フリーラジカルの生成が起こる。このフリーラジカルは酸素と反応して連鎖反応を開始させる。ラジカル反応は遊離型反応とも呼ばれ，反応の過程に遊離基（不対電子を持つものであり，ラジカルともいう）が関与する化学反応を総称する。有機化学反応のタイプは，イオン反応とラジカル反応とに大別されるが，気相での光化学反応，熱化学反応などにはラジカル反応が多い。一般に，遊離基は分子の熱分解，光分解，放射線分解，電子授受などによって化学結合が切断された際に生じる。ただし，紫外線劣化には色々な要因が含まれるため，**図 -1.3.3** のような劣化パターンとは異なる場合もある。

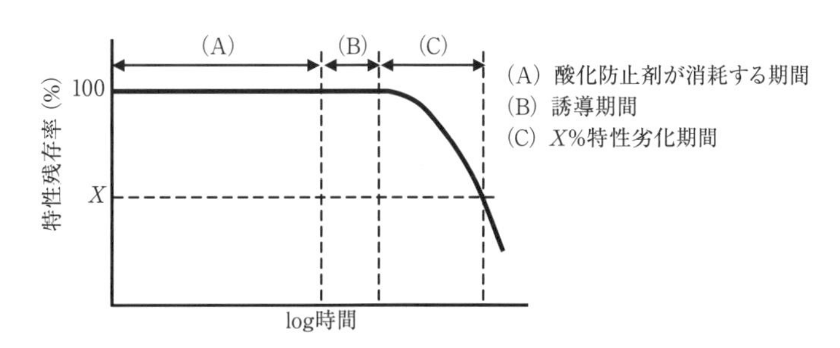

図 -1.3.3 遮水シート（HDPE）の紫外線劣化の概念図[16)]

ラジカル反応は Grassie and Scott (1985)[15)] による次式によって説明される。

連鎖開始反応段階

RH → R・ + H・（エネルギー，または触媒残留物支配） (1.1)

R・ + O_2 → ROO・ (1.2)

連鎖成長反応段階

ROO・ + RH → ROOH + R・ (1.3)

連鎖加速反応段階

$$\mathrm{ROOH \rightarrow RO\cdot + OH\cdot}\ \text{(エネルギー支配)} \tag{1.4}$$

$$\mathrm{RO\cdot + RH \rightarrow ROH + R\cdot} \tag{1.5}$$

$$\mathrm{OH\cdot + RH \rightarrow H_2O + R\cdot} \tag{1.6}$$

上記反応式中,「RH」はポリエチレン分子鎖を表し,「・」はフリーラジカルを表す。

第二段階である誘導期を過ぎると，第三段階では酸化が速やかに進行するが，これは式（1.4）～(1.6) で示したようにフリーラジカルが著しく増加するからである。この条件下では**図-1.3.4**に示すような架橋反応を生じる。ここでは酸素が充分に供給されないため架橋反応となるが，酸化がさらに進行して豊富な酸素が利用できるようになるとアルキルラジカル反応は分子鎖切断に変化し，**図-1.3.5**に示すように分子量が減少する結果となる。この段階では，材料の物理的あるいは力学的性質は分子鎖切断の程度に従って変化し，特に引張特性が著しく変化して脆くなる。ただし，紫外線劣化には色々な要因が含まれるため，**図-1.3.4**のような劣化パターンとは異なる。

CH2 − ĊR1 − CH2
CH2 − CR1 − CH2
O
+R・
CH2 − CR1 − CH2
CH2 − CR1 − CH2
CH2 − CR1 − CH2
CH2 − CR1 − CH2

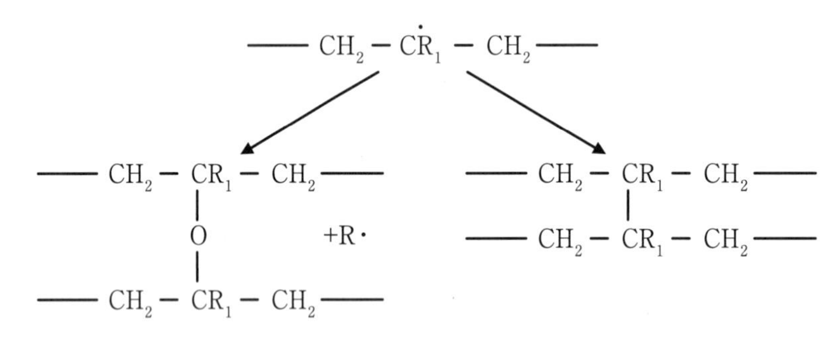

図-1.3.4　高分子材料の劣化段階における架橋反応

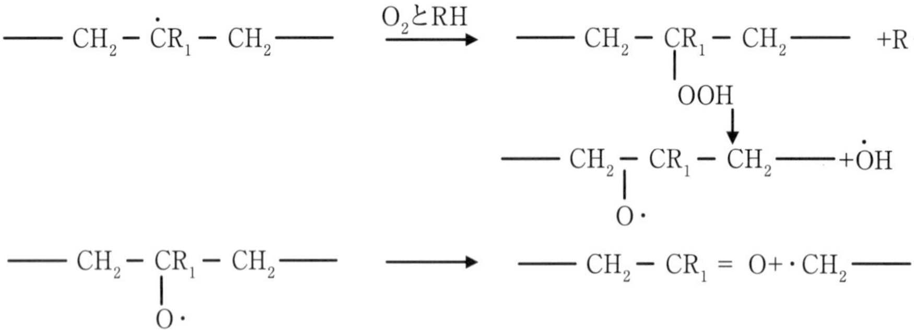

CH2 − ĊR1 − CH2
O2とRH
CH2 − CR1 − CH2
+R・
OOH
CH2 − CR1 − CH2
+ȮH
O・
CH2 − CR1 − CH2
O・
CH2 − CR1 = O+・CH2

図-1.3.5　高分子材料の劣化段階における分子鎖切断の反応

なお，遮水シートでは有機化合物の分子レベルでの拡散浸透が汚染物質の浸透を大きくする。例えば，14年間現地暴露させた高密度ポリエチレンシート（HDPE）についての拡散浸透実験によれば，エージング効果により結晶度が増加し，拡散浸透が減少したことが報告されており，これは拡散浸透がアモルファスで起こるためとされている[17)]。遮水シートの損傷や遮水シート中の拡散浸透を考慮した場合の遮水工からの有害物質の漏水量の算定方法も提案されている[18),19)]。

(エ) 紫外線劣化対策

高分子材料を主原料とする遮水シートは，紫外線による光化学反応により劣化する。そのため，実際に製品化された遮水シートについては何らかの紫外線対策などの耐候性のための処理が施されている。その手法は各製品でさまざまであるが主な対策としては，

① 光安定剤であるUVA（紫外線吸収剤）の原材料への添加
② HALS（光安定剤）の原材料への添加
③ クエンチャー（消光剤）の原材料への添加
④ カーボンブラックの原材料への添加
⑤ 表面への耐候性塗料の塗布

などが挙げられ，主原料(高分子材料)の種類，製法や製造プロセス，添加剤の添加量などによりその効果は決まるため，紫外線に対する耐久性を評価する場合には，製品段階での評価が必要となる。

(3) 保護マットの主要な劣化因子

遮水シートと同様に，高分子材料を原料とする保護マットの劣化の主因子は同様であるが，表面に暴露された部位の保護マットにはそれら以外の自然環境（降雨・降雪，乾湿収縮，埋立引き込み荷重，鳥獣類など）の影響がある。

上部保護マットである遮光性（保護）マットの健全性が遮水シートの健全性にも繋がる。異常状態と想定される損傷要因を**表-1.3.1**とは別に**表-1.3.4**に記す。

表-1.3.4　遮水工の異常状態と想定される要因

異常状態	想定される損傷原因（〜による）
1. 接合部の剝がれ	①風の揚圧力　②接合部の清掃不足　③接合不良による剝がれ　④構造物まわりの局部沈下　⑤経年変化
2. 穴，引裂き傷，裂け目	①埋立車両の走行，旋回および衝突　②廃棄物の投入時の衝撃　③ごみ中の突起物　④小動物の巣穴，通り道　⑤構造物まわりの局部沈下　⑥地盤の陥没　⑦雪崩の衝撃　⑧台風による倒木の衝突　⑨伏溜水の湧出　⑩地下水（地下水位の上昇，埋立地滞水位の上昇）
3. ひび割れ	①紫外線，オゾン劣化　②クリープ疲労　③温度低下による収縮　④応力集中　⑤載荷重による引張り
4. 異常な突っ張り	①地盤の不同沈下・陥没　②埋立ごみ層の沈下　③応力集中　④温度低下による収縮　⑤地中ガスの湧出　⑥遮水シート余裕代不足　⑦下地の流出による陥没　⑧固定工の持ち上がり
5. 硬化	①オゾン，紫外線　②酸化雰囲気　③微生物　④浸出水との接触　⑤酸，アルカリの接触　⑥廃棄できない廃酸，廃アルカリとの接触
6. 軟化，膨潤	①未冷却焼却残渣　②ごみ発酵熱　③気温上昇　④廃棄できない油類，有機溶剤，有機酸との接触
7. 膨らみ	①法面の滑落，崩壊　②地中ガスの湧出　③伏溜水が溜まったこと④地下水位の上昇　⑤下地流出による土砂の堆積　⑥地盤の地耐力不足（不同沈下）
8. へこみ	①地盤の滑落，崩壊　②不同沈下，陥没　③水流による洗掘，陥没
9. 焼失	①火災（焚火，野火，ごみの発火）
10. 引抜け	①地盤の滑落，崩壊　②地中ガスの湧出　③地下水位の上昇　④伏溜水による膨らみ　⑤下地流出による土砂の堆積　⑥固定工の不適切，重量不足　⑦不同沈下　⑧遮水シート余裕代不足
11. しわ	①保護土の撤出し時による片押し　②地盤沈下による引き込み

参考文献

1) 総理府，厚生省：一般廃棄物の最終処分場および産業廃棄物の最終処分場に係わる技術上の基準を定める命令の一部を改正する命令（共同命令）告示，衛環第51号，1998
2) 厚生省：廃棄物最終処分場の性能に関する指針について（廃棄物最終処分場性能指針），生衛第1903号，2000
3) 全国都市清掃会議：廃棄物最終処分場整備の計画・設計要領，2001
4) 日本遮水工協会，特定非営利法人最終処分場技術システム研究協会：遮水工技術・施工管理マニュアル，平成6年～平成18年研究成果報告書，2003
5) 全国都市清掃会議：廃棄物最終処分場の計画・設計・管理要領，2010改訂版
6) 国際ジオシンセティックス学会日本支部ジオメンブレン技術委員会：液状遮水材による遮水工マニュアル，2013
7) 国際ジオシンセティックス学会日本支部ジオメンブレン技術委員会：ごみ埋立地の設計施工ハンドブック－しゃ水工技術－，オーム社，2000
8) 最終処分場技術システム研究協会：平成17年度研究成果報告書，2005
9) 宇佐見貞彦：内陸最終処分場は，どのようにつくるのか？，廃棄物処分場の建設に伴う地盤に関する諸問題とその対策講習会，地盤工学会，pp.1-9，2005
10) 小谷克己，古市徹，石井一英：廃棄物最終処分場のトラブル事例の解析と対策案に関する研究，廃棄物学会誌，Vol.16, No.6，pp.453-466，2005
11) Bouazza, A., Zornberg, J.G., and Adam, D.：Geosynthetics in waste containment facilities：recent advances, Proceedings of the Seventh International Conference on Geosynthetics, Ph. Delmas, J.P. Gourc, and H. Girard（eds.）, Balkema, pp.445-507，2002
12) 気象庁：https：//www.data.jma.go.jp/gmd/env/uvhp/3-40uv.html（閲覧日2023年1月30日）
13) 国立環境研究所：絵とデータで読む太陽紫外線－太陽と賢く仲良くつきあう法－，2006
14) Koerner, R.M. and Daniel, D.E.：Final Covers for Solid Waste Landfills and Abandoned Dumps, ASCE，1997（嘉門雅史監訳，勝見武，近藤三二共訳：廃棄物処分場の最終カバー，技報堂出版，2004)
15) Grassie, N. and Scott, G.：Polymer Degradation and Stabilization, Cambridge University Press, New York, USA, 1985
16) R.K. Rowe, M.Z. Islam：Impact of landfill liner time-temperature history on the service life of HDPE geomembranes, Waste Management, 29，pp.2689-2699，2009
17) Sangam, H.P. and Rowe, R.K.：Permeation of organic pollutants through a 14 year old field-exhumed HDPE geomembrane, Proceedings of the Seventh International Conference on Geosynthetics, Ph. Delmas, J.P. Gourc, and H. Girard（eds.）, Balkema, pp.531-534, 2002
18) 勝見武，C.H. Benson，G.J. Foose，嘉門雅史：廃棄物処分場遮水ライナーの性能評価について，廃棄物学会誌，Vol.10, No.1, pp.75-85, 1999
19) Benson, C.H.：Liners and covers for waste containment, Creation of New Geo-Environment, Fourth Kansai International Geotechnical Forum, JGS Kansai Branch, pp.1-40, 2000

第２章
遮水工の概要

2.1 遮水工の歴史と経緯

遮水は，遮水システムが確立されてはじめて機能を果たすこととなる。その遮水システムを構成するのが遮水工，集排水施設，モニタリング施設である。遮水工の構造は，遮水材料，保護マット，下地地盤からなるが，ここでは遮水工材料（遮水シート，液状材料，保護マット）の歴史について述べることにする。

2.1.1 遮水シート

合成ゴムあるいは合成樹脂などの遮水シートは，1930年代後半に西ドイツにおいて地下防水に用いられて以来，建築物の防水材料あるいは貯水池，配水池などの遮水材料として欧米諸国を中心に広く利用されている。我が国では，両者とも試験施工ではあるが，屋根防水材として1957年，その10年後に農業用貯水池の遮水材として初めて使用され，1969年にはJIS A 6008「合成高分子ルーフィングシート」が制定され，屋根防水材として適用される遮水シートの標準化が行われた。

農業用貯水池および調整池の池敷での利用を踏まえ，我が国の廃棄物最終処分場に合成高分子材料である合成ゴム系のEPDM（Ethylene Propylene Diene Monomer）シートが敷設されたのは，1976年の千葉市中田処分場が最初である。その後，1977年の共同命令を受けて，1980年代前半には廃棄物最終処分場の表面遮水工として遮水シートの使用が定着した。しかし，廃棄物最終処分場用途としての遮水シートも屋根防水材の転用であることから，その品質はJIS A 6008を標準としていた。

一方，米国では締固め粘性土による遮水工が一般的であったため，遮水シートによる遮水工が規定されたのは1984年であり，ドイツでは1988年に遮水シートの使用が義務付けられた。ただし，廃棄物最終処分場の表面遮水工として遮水シートの研究が本格的に始められたのは，欧米では1980年頃からであり，日本ではそれより10年ほど遅い1990年頃からである。

欧米における遮水シートは，廃棄物の性状や上述の研究成果を受けて耐薬品性などに優れた高密度ポリエチレン（HDPE：High Density Polyethylene）シートが当初から広く用いられている。一方，焼却灰や固形物が主体の廃棄物性状を特徴とする国内の廃棄物最終処分場における遮水シートは，農業用貯水池などで利用されていた合成ゴムや塩化ビニル製のものが主となっていた。1982年頃より合成ゴムと合成樹脂の中間的な素材でゴム弾性と熱可塑性を有するオレフィン系熱可塑性（TPO：Thermo Plastic Olefin）エラストマーを素材とした遮水シートが開発された。当時は，熱融着ゴム（TPR：Thermo Plastic Rubber）と呼ばれ，EPDMの一種として取り扱われ普及した。

さらに，1990年頃より，環境問題としての重要性が注目されるようになり，東京都の最終処分場で合成ゴム系遮水シートの破損疑惑が報道されると，全国各地で廃棄物最終処分場建設の反対運動が起こった。この問題以降，破れにくい遮水シートとして欧米から輸入された高密度ポリエチレン（HDPE）製遮水シートが用いられるようになった。このとき，遮水シートの材料だけでなく高性能自走式融着機や二重融着などの品質管理に関する技術が持ち込まれ接合部の品質が向上した。

1995年12月には厚生省より通知「最終処分場の構造に関する技術上の構造基準の強化」が出され，二重遮水シート構造が急増した。その後，強靱性と柔軟性を特徴とした熱可塑ウレタン（TPU: Thermo Plastic Urethane）製の遮水シートが出現したほか，TPOの改良タイプや軟質ポリプロピレン（FPP：Flexible Polypropylene）をベースとした遮水シート，そして，直鎖状低密度ポリエチレン（LLDPE：Linear Low Density Polyethylene）など柔軟性の高い遮水シートが次々に開発され採用されてきた。このような遮水シートの多様性が，我が国の廃棄物最終処分場の遮水工の特徴の一つとなっている。そして，1998年に改正された改正基準省令において，遮水シートに求められる要件が示された。その後，これを要求特性項目に展開したものが2001年に「廃棄物最終処分場整備の計画・設計要領」(2010年に「廃棄物最終処分場整備の計画・設計・管理要領」として改訂）に示され，廃棄物最終処分場向けの遮水シートの品質基準の目安として運用されている。

また，廃棄物最終処分場には陸上埋立処分場（オープン型，被覆型)，そして海面埋立処分場がある。遮水シートとしての基本は変わらないが，特に，海面埋立処分場用としては，海面埋立処分場特有の地盤変形への追従性，海面または海中でも施工が可能なことなどが要求されている。

2.1.2 液状材料 [1)]

遮水シートは，工場での生産品であるが，下地盤が岩盤などで法面成形が困難な場合，現場に液状材料を持ち込み保護材の上に吹き付け，遮水工を形成する方法が出現してきた。本方法は既に欧米では実用化されているもので，徐々に普及していくものと考えられる。

建築分野では1965年に液状遮水材料であるウレタン，土木分野では1978年にゴム改質アスファルト（通称ゴムアスファルト）エマルションによる遮水工事がなされた。

1998年「一般廃棄物の最終処分場および産業廃棄物の最終処分場に係る技術上の基準を定める命令（総理府・厚生省令)」が改正され，最終処分場の構造基準の中に「遮水シートまたはゴムアスファルト」が明記され，最終処分場における液状材料の実績が出てきている。2003年京都府の最終処分場で不織布の上にポリウレタン吹き付け，2005年四国の最終処分場でモルタル吹付面にポリウレタン吹付け施工された。

2.1.3 保護マット

保護マットは，遮水シートを保護するものであるが本格的に使用されるに至ったのは1998年の基準省令に遮水シートの保護の考え方が記されてからであった。それ以前は，設計の考え方，保護マットの特性もさまざまで，遮水シートの損傷も散見され，その修復も数多く報告されている。保護マットの使用方法は，遮水シートの上，二重遮水シート間，基盤の上に敷設するとなっており，種類としては長繊維不織布，短繊維不織布，反毛フェルト，ジオコンポジット，現場発泡ウレタンフォームなどがあり，それぞれの特性と設計条件を考慮し，仕様を決定している。

2.2 遮水工の構造

2.2.1 遮水システム

廃棄物最終処分場の遮水機能は，遮水工だけでなく，埋立地内の浸出水をすみやかに集水する浸出水集排水施設，埋立地外に降った雨水を集水する雨水集排水施設，遮水工の健全性を確認するモニタリング施設などが適正に機能することによって達成される。これらの施設を総称して遮水システムと呼ばれている。遮水システムの構成を**図-2.2.1**に，遮水工の構成を**図-2.2.2**に示す。

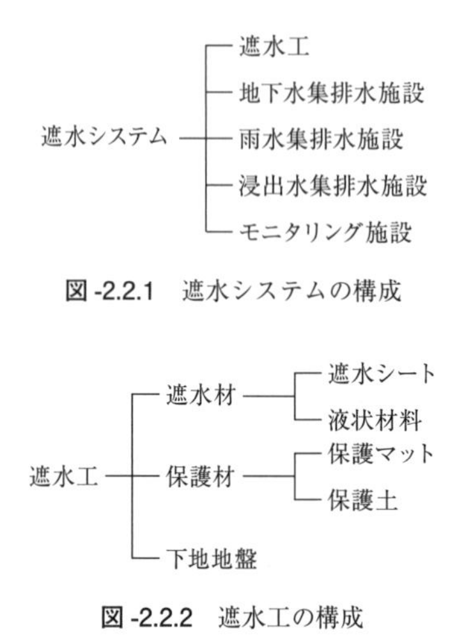

- 遮水システム
  - 遮水工
  - 地下水集排水施設
  - 雨水集排水施設
  - 浸出水集排水施設
  - モニタリング施設

図-2.2.1　遮水システムの構成

- 遮水工
  - 遮水材
    - 遮水シート
    - 液状材料
  - 保護材
    - 保護マット
    - 保護土
  - 下地地盤

図-2.2.2　遮水工の構成

2.2.2 遮水工の構造基準 [2),3)]

我が国の廃棄物最終処分場における現在の遮水工の構造基準を定めているのが，1998年6月に通知された「一般廃棄物の最終処分場および産業廃棄物の最終処分場に係る技術上の基準を定める命令」(改正基準省令）である。遮水シート，保護マットを使用した遮水工の変遷を**図-2.2.3**に示す。

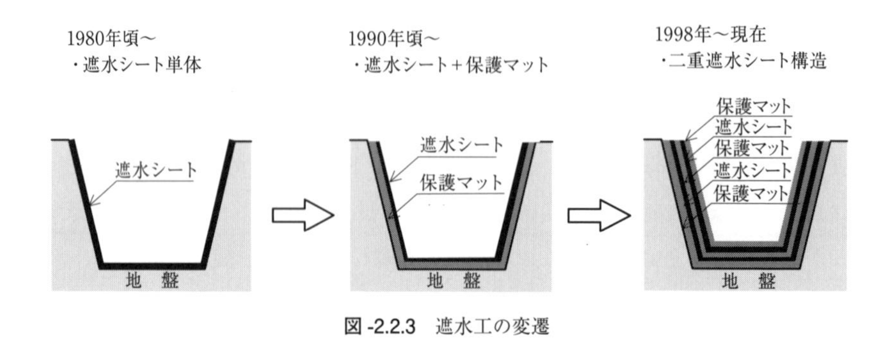

図-2.2.3　遮水工の変遷

現在，基準省令に示されている遮水構造を以下に示す。

イ．廃棄物の保有水および雨水等（以下「保有水等」という。）の埋立地からの浸出を防止するため，次の要件を備えた遮水工又はこれと同等以上の遮水効力を有する遮水工を設けること。

(1) 次のいずれかの要件を備えた遮水層又はこれらと同等以上の効力を有する遮水層を有すること。

（イ）厚さ 50 cm 以上であり，かつ，透水係数が 10 nm/ 秒以下である粘土その他の材料の層の表面に遮水シートが敷設されていること。

（ロ）厚さ 5cm 以上であり，かつ，透水係数が 1 nm/ 秒以下あるアスファルト・コンクリートの層の表面に遮水シートが敷設されていること。

（ハ）不織布その他の物（二重の遮水シートが基礎地盤と接することによる損傷を防止できるものに限る。）の表面に二重の遮水シート（当該遮水シート間に，埋立処分に用いる車両の走行又は作業による衝撃その他の負荷により双方の遮水シートが同時に損傷することが防止できる十分な厚さおよび強度を有する不織布その他の物が設けられているものに限る。）が敷設されていること。

(2) 基礎地盤は，埋立てる廃棄物の荷重その他予想される負荷による遮水層の損傷を防止するために必要な強度を有し，かつ遮水層の損傷を防止することができる平らな状態であること。

(3) 遮水層の表面を，日射によるその劣化を防止するために必要な遮光の効力を有する不織布又はこれと同等以上の遮光の効力および耐久力を有する物で覆うこと。ただし，日射による遮水層の劣化のおそれがあると認められない場合には，この限りでない。

表 -2.2.1　最終処分場性能指針とその確認方法より抜粋[3)]

遮水工の性能に関する事項	指針の内容	性能に関する事項の確認方法
(1) 遮水効力	遮水工にあっては，計画した遮水効力を有すること。	
・粘土その他の材料の層又はアスファルト・コンクリート層		使用する材料を用いた日本工業規格 A 1218 に定める室内透水試験又はこれと同等以上の性能を有する試験方法による当該材料を用いた遮水層が実際に設置された状態における遮水効力を評価した結果
・遮水シート		使用する材料を用いた実証設備又は実用施設あるいはその他の方法により得られた遮水効力を評価した結果
(2) 遮水工破損（漏水）検知設備	遮水シート等の破損又は漏水を速やかに検知する設備を設置する場合にあっては，必要な能力を有すること。	使用する材料を用いた実証設備又は実用施設あるいはその他の方法により得られたデータを評価した結果
(3) 有害物質の溶出	遮水シートおよび不織布等から有害物質が排水基準令に定める許容限度を超えて溶出されないこと。	昭和 48 年環境庁告示第 13 号又はこれと同等以上の性能を有する試験方法により得られた測定データを評価した結果

我が国の廃棄物最終処分場の遮水構造は，二重遮水構造が基本となっている。また，国の交付金事業として廃棄物最終処分場を建設する場合は，基準省令に加え，性能指針を満足する必要がある。性能指針は 2000 年 12 月に通知された（2002 年 11 月一部改正）。**表 -2.2.1** に遮水工に関する性能指針とその確認方法を示す。

現在の廃棄物に関する状況として，2023 年度環境省報告によれば，2021 年度末時点で，一般廃棄物最終処分場は 1 572 施設の残余容量は 98 448 千 m^3 であり，2020 年度から減少し，残余年数は全国平均 23.5 年で増加傾向となっている。また，2019 年度の産業廃棄物最終処分場の残余容量は 1.54 億 m^3，残余年数は 16.8 年となっており，前年度との比較では，残余容量がやや減少し，残余年数はやや増加しているものの経年的にはほぼ横ばい状態である。

近年，3R（廃棄物の発生抑制（Reduce），再使用（Reuse），再資源化（Recycle）の順番で取り組む）の推進により最終処分量の減少が図られているが，新規最終処分場の立地は依然として困難になっている。

全国一般廃棄物最終処分場の供用年数分布（**図 -2.2.4**）で示されているように，一般廃棄物最終処分場 1 632 件のうち，計画供用年数 15 年を超えているものは 1 432 件（88 %），供用年数 20 年代のものが多く 517 件（32 %）と報告されている。したがって，できるだけ長く最終処分場を利用したいという社会的要請により，既設最終処分場の大幅な延命化は急務となっており，遮水工の耐久性は重要な役割を担っている。

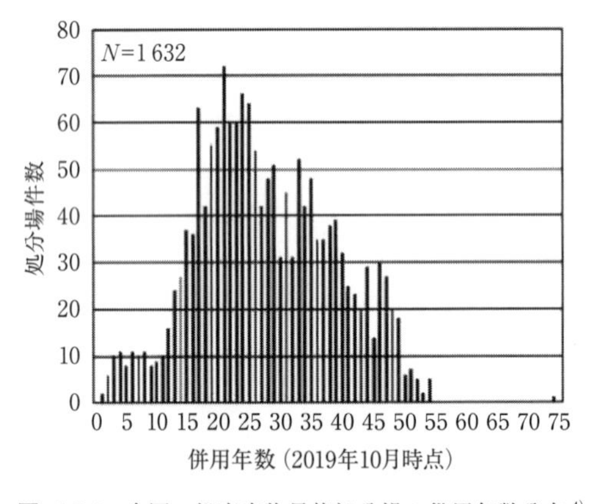

図 -2.2.4　全国一般廃棄物最終処分場の供用年数分布 [4)]

このような背景から最終処分場の遮水工構造は長寿命化も考慮した多重安全構造へとシフトしてきている。

多重安全構造については「第 6 章 6.1.2 環境変化に対応した遮水工システムの構築」で詳述しているので，本項では多重安全の考え方だけを記載する。

① 環境に配慮した廃棄物処理および浸出水処理の制御がしやすいことからクローズドシステム処分場が環境汚染リスクを低減する安全対策の一つである。なお，クローズドシステム処分場であっても最終処分場の構造基準はオープン型と同じである。ただし，閉鎖空間となるため，

被覆設備，場内環境管理設備，安定化促進設備等の機能維持に努めなければならない。

② 遮水工の構造は二重遮水となっているが，万一の損傷リスク低減として，バックアップ構造すなわち，GCL や高吸水性材料による汚染水拡散防止構造が環境汚染のリスクを低減する安全対策の一つとなる。

汚染水拡散防止構造には，遮水工損傷時に浸出水の公共水域への漏洩程度を軽減させるため，漏水通過時間を確保する機能および汚染軽減機能を考慮する必要がある[5]。

③ 遮水工のモニタリングによる早期異常発見および対応により，環境リスクを低減する安全対策の一つとなる。

④ ハード面のほか，ソフト面では，定期・不定期の機能検査により異常を早く確実に把握し，確実に修復することが，環境リスクを低減する安全対策の一つとなる。

2.2.3 遮水工の断面構造[6),7)]

基準省令に示された 2 種類の遮水工の断面構造を以下に示す。なお，図中で示す遮光性不織布は，本書では保護マットとして表記している。

(1) 粘土層と遮水シート

図-2.2.5 に粘性土層と遮水シートを組み合わせた二重遮水構造を示す。

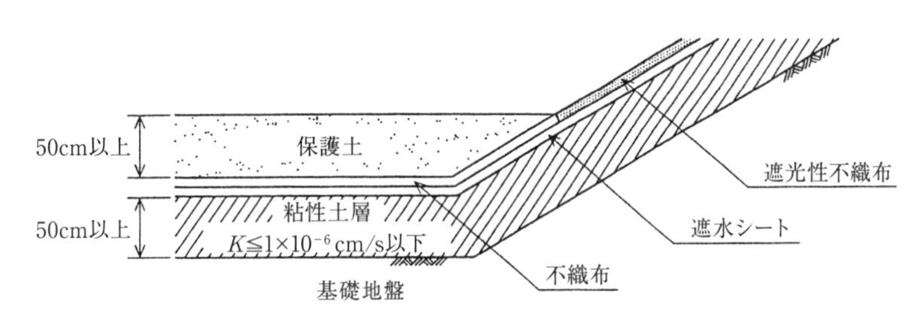

図-2.2.5 遮水工断面構造図（粘性土層＋遮水シート）

基準省令が改正された後に，一般廃棄物の最終処分場および産業廃棄物の最終処分場に係る技術上の基準を定める命令の運用に伴う留意事項が通知されており（以下,「留意事項」という)，この中で「遮水シートと粘性土等の層との間は空隙のないように敷設すること」が定められており，仮に遮水シートが破損した場合，粘性土との間に不織布（保護マット）などが敷設されていると，この部分が汚水の水みちとなるため，粘性土層と遮水シートは密着している必要がある。

(2) アスファルト・コンクリートと遮水シート

図-2.2.6 にアスファルト・コンクリートと遮水シートを組み合わせた二重遮水構造を示す。粘性土層と同じく，アスファルト・コンクリートと遮水シートを組み合わせた遮水工についても，その間に空隙のないよう敷設することが留意事項に記述されている。

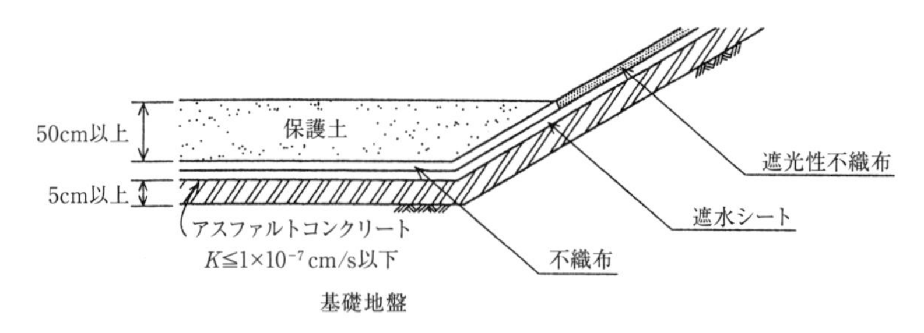

図-2.2.6　遮水工断面構造図（アスファルト・コンクリート＋遮水シート）

(3) 二重遮水シート

図-2.2.7 に二重遮水シートの構造図を示す。この図の遮水シートの下地材は，基準省令に「二重の遮水シートが基礎地盤と接することによる損傷を防止できるものに限る」とされており，また，二重遮水シートの中間材は，「当該遮水シート間に，埋立処分に用いる車両の走行又は作業による衝撃その他の負荷により双方の遮水シートが同時に損傷することが防止できる十分な厚さおよび強度を有する不織布その他の物が設けられているものに限る。」とある。また，留意事項では，「遮水シートの厚みをアスファルト系以外の遮水シートについては 1.5 mm 以上，アスファルト系遮水シートについては 3.0 mm 以上にすること」と定めている。

以上のように我が国の遮水構造は，上層の遮水材である遮水シートと，下層の遮水材は粘土，アスファルト・コンクリート，遮水シートの３種類のうちのどれかを組み合わせた構造を基本としている。なお，下層の遮水材は現場の地形条件や地下水の状況等の影響を受けやすいため，これらの条件を十分考慮の上，選定する必要がある。

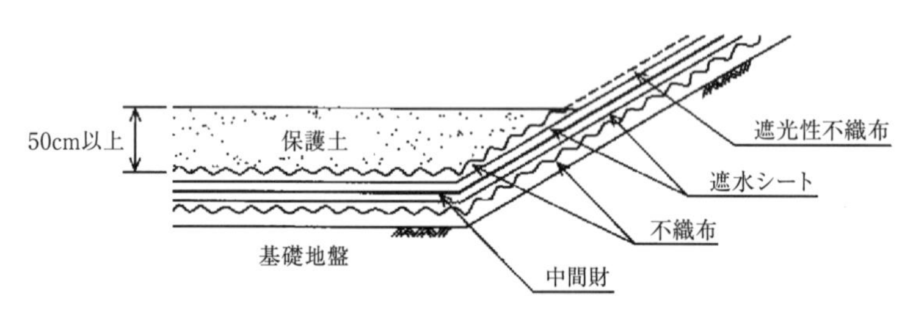

図-2.2.7　遮水工断面構造図（二重遮水シート）

2.3 遮水シートの接合部構造

遮水シートは，接着工法と熱融着工法が一般的に採用されており，使用している遮水シートにあわせた接合方法が採用されている。一般的な遮水シートの接合方法を**表-2.3.1** に示し，接合方法の詳細と断面構造を以下に示す。

表-2.3.1 遮水シートの接合方法

素材 ＼ 工法	接着剤	熱盤プレス	熱融着	押出溶接	バーナー熱熔着
EPDM	○	○			
PVC			○		
TPO（PP系･PE系）			○	○	
TPU			○		
PE系			○	○	
アスファルト系					○

2.3.1 接着工法

EPDMシートに適用されており，接着面の両面に専用接着剤を塗布し，指触乾燥後に遮水シートを張り合わせ転圧ローラーなどで圧着している。さらに，上下遮水シート接合端部に接着剤を塗布し，増張テープを同様に接着，圧着している方法が一般的である。このときの接着幅は，100 mm以上確保する必要がある。3枚重ね部は段差部が水みちになりやすいので，一般的にシール材が充填されている。その概要を**図-2.3.1**に示す。

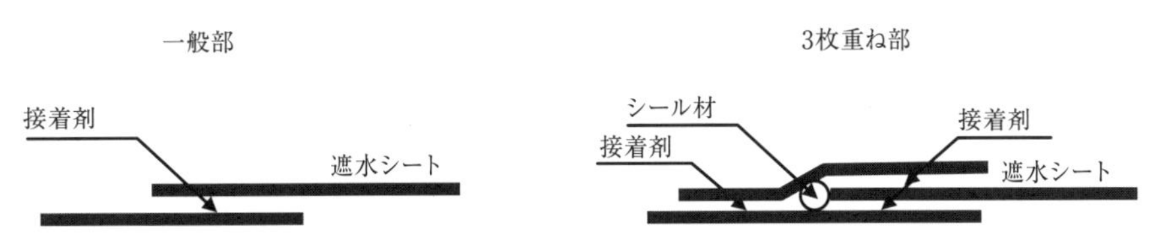

図-2.3.1 接着工法断面の一例

2.3.2 熱盤プレス工法

接合する遮水シート端部に，幅30～50 mmの未加硫テープを挿入し，熱盤プレス機械により熱加圧接合されている。直線部の接合に多く採用されており，主にEPDM系ゴムシートの広幅工場加工で採用されている。その概要を**図-2.3.2**に示す。

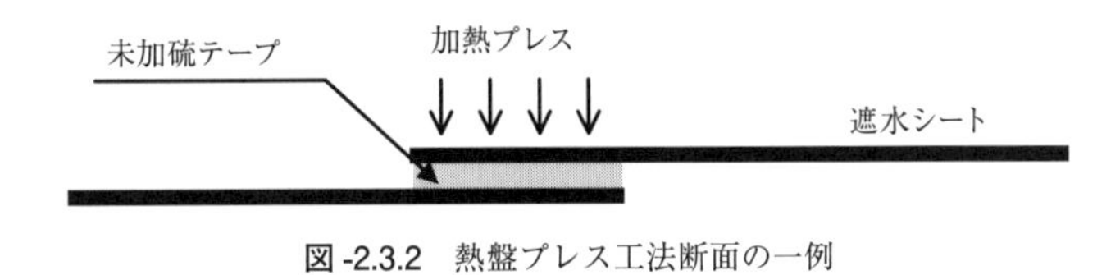

図-2.3.2 熱盤プレス工法断面の一例

2.3.3　熱融着工法

遮水シートの接合面を加熱融着させ，圧着により接合面を一体化接合する工法で，大別すると機械式（自走式熱融着機）と手動式（手動式熱風融着機）に分類される。

(1)　機械式（自走式熱融着機）

接合部の遮水シート面を加熱溶融し圧着接合している。加熱溶融する方法は，熱風コテ式と熱コテ式が採用されいる。融着機は，圧着するローラーで自走する構造で，加熱温度・自走速度・ローラー圧力の3条件がコントロール可能なもので接合されているが，これら条件が接合品質特性に直接関連しており，外気温・遮水シート温度も考慮して，最適条件が設定され接合されている。近年は現場での施工品質検査を行うため，ダブルシームの検査孔を用いて加圧検査が実施されるのが一般的であるが，工場における接合部はシングルシームによる場合もある。自走式熱融着機による接合断面を**図-2.3.3**に示す。

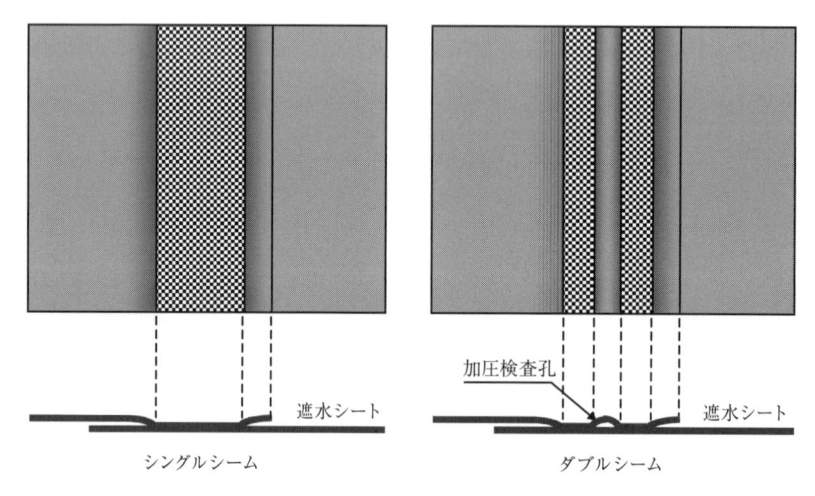

図-2.3.3　自走式熱融着機の接合断面の一例

(2)　手動式（手動式熱風融着機）

自走式熱融着機が使用できない箇所では，ハンディタイプの熱風融着機で，熱風を扁平ノズルより吹き出し，遮水シート面を溶融させ，ハンドローラー等により圧着する方式で接合されている。遮水シート素材の剛性等により施工に制約があり，すべて手作業によるものであるため，資格を保有している専門施工技能者による融着が望ましい。

2.3.4　押出溶接工法

遮水シートと同質の溶接棒を押出機で溶融押出し，遮水シートと一体化接合されている。主にHDPEシートにおいて，3枚重ね部の処理や構造物取合部，細部の加工に採用されている。その概要を**図-2.3.4**に示す。

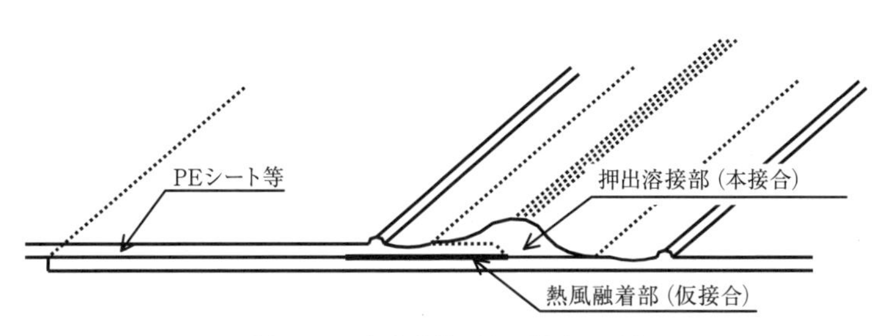

図 -2.3.4 押出溶接工法の断面の一例

2.3.5 バーナー熔着工法（アスファルト系）

アスファルト系シートの接合方法であり，プロパンバーナーで上下遮水シートの接合面の両方を均等に加熱して，表面のアスファルトを熔融させ，張り合わせて圧着されている。その概要を**図 -2.3.5** に示す。原則的に 3 枚重ね部の接合部は，遮水シート端部の段差処理が行われ，水みちが生じないように施工されている。

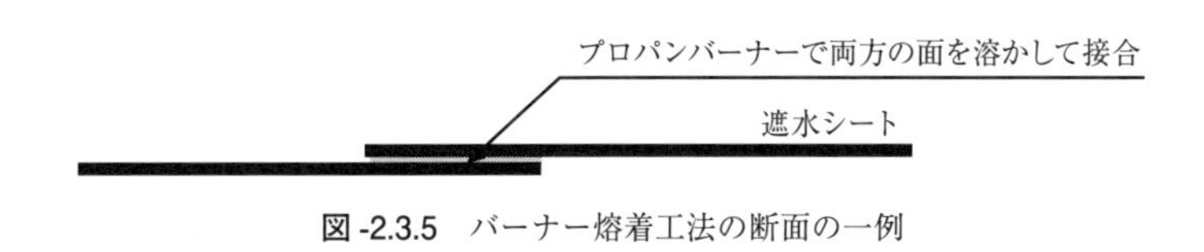

図 -2.3.5 バーナー熔着工法の断面の一例

2.3.6 液状材料吹付け工法

この工法は，上記 2.3.1～2.3.5 に説明したシート状のものと違い，現場で液状材料（一例としてゴム改質アスファルト）をモルタル面などにスプレーで吹付けて表面被膜（遮水層）を形成する工法である。多くは，モルタル吹付け面に基布を敷設し，ゴム改質アスファルトエマルションを含浸させて，脱水乾燥後（硬化後）遮水層の保護のためにアクリル系のトップコートが吹付けられている。この工法は多少の不陸や法面のオーバーハングしたところにでも施工が可能であることから，他の遮水シートが敷設できない箇所において採用されている。その概要を**図 -2.3.6** および**図 -2.3.7** に示す。裏面からの湧水により遮水層の間に水膨れが生じる危険があるので，排水層が設けられている場合が多い。

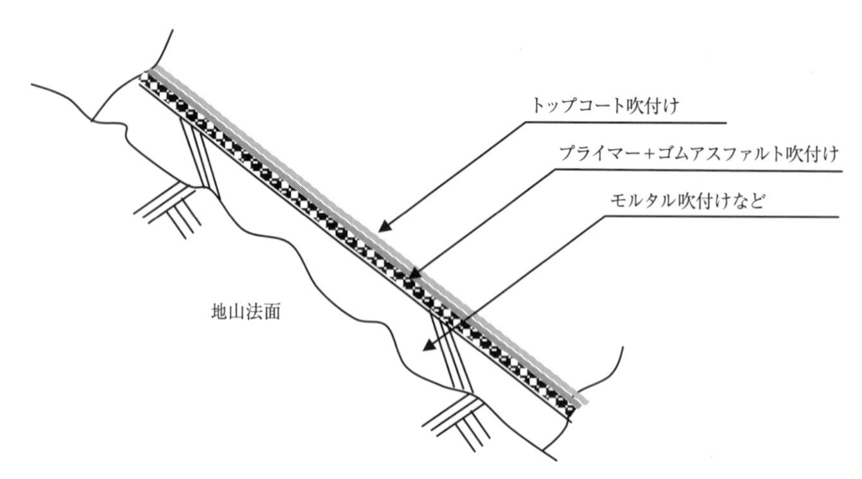

図-2.3.6　ゴム改質アスファルト吹付け工法断面の一例（下地密着例）

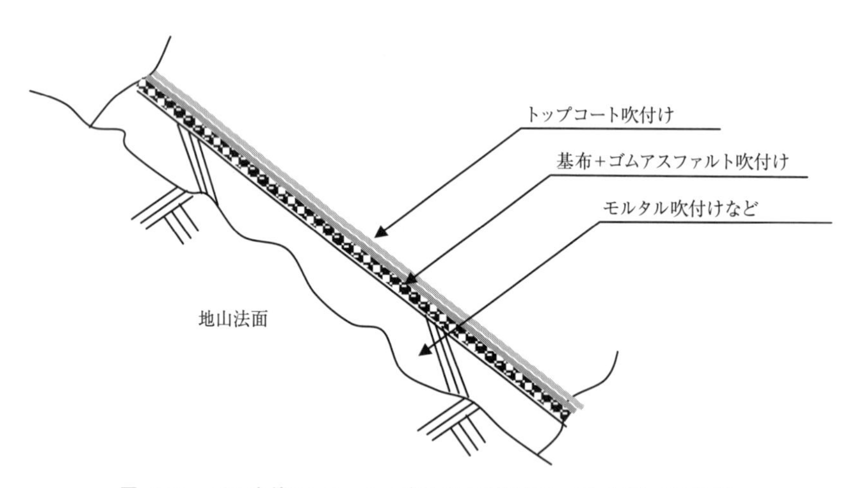

図-2.3.7　ゴム改質アスファルト吹付け工法断面の一例（下地非密着例）

2.4 遮水シートの種類と製造方法

2.4.1 遮水シートの種類

遮水シートは，合成ゴム系および合成樹脂系の高分子材料を用いたものとアスファルトやベントナイトを加工したものに大別される。遮水シートの分類を第1章，**図-1.1.2**に示す。

アスファルト系吹付けタイプは液状材料なので，「2.5 液状材料の種類と製造方法」に位置付けるものとする。

2.4.2 遮水シートの材質とその特徴

(1) 加硫ゴム（EPDM）遮水シート

EPDM遮水シートは，機械特性の温度依存性が比較的小さく，柔軟で下地によく追従し，耐候性も良いことからルーフィングシートや農業用貯水池の遮水シートとして広く用いられている。これらの実績をふまえ，1976年に廃棄物最終処分場の遮水シートとして初めて採用された。

一般的に機械的強度が小さく，衝撃や鳥獣による破損事例があり，また，接着剤を用いた接合であるため，気象条件の影響も受けやすい。

(2) ポリ塩化ビニル（PVC）遮水シート

PVC遮水シートは，比較的経済性や作業性に優れることから，主として産業廃棄物最終処分場や海面埋立護岸の遮水シートとして利用されている。他の遮水シートと比べ柔軟性を得るために可塑剤が配合されている。

(3) オレフィン系熱可塑性エラストマー［TPO（PE系・PP系）］遮水シート

TPO遮水シートは，オレフィン系熱可塑性エラストマーを主成分とした遮水シートの総称で，その中に含まれる熱可塑性樹脂の主成分によってPE系とPP系に分類される。

1) TPO（PE系）遮水シート

TPO（PE系）遮水シートは，前述の方法で合成されたTPOにポリエチレン成分をブレンドしたものに2％程度のカーボンブラック，少量の光安定剤，および熱酸化防止剤を添加したものである。1982年に最終処分場の遮水シートとして採用された。安全で熱融着可能であることを特長としている。ポリエチレン成分としては，LLDPEやLDPEが用いられているが，次に述べるTPO（PP系）に比べ，線膨張係数が大きい。

2) TPO（PP系）遮水シート

TPO（PP系）遮水シートは，樹脂成分の主体がポリプロピレンの遮水シートである。従来，結晶性が高い汎用樹脂を使用していたが，新たに軟質ポリプロピレンが開発され，その重合段階からEPDM成分を混合分散させるリアクター方式でつくられたTPOを利用した遮水シートが開発され，1990年頃から米国で用いられるようになり，FPPと分類された。国内では1996年頃から用いられるようになった。結晶性の低い柔軟なエラストマーが多く含まれていることから，比較的柔らかく，線膨張係数が小さいのが特徴である。エラストマー成分が多いため，複雑な熱融着作業を伴う場合は，温度管理の配慮を行う。

(4) ポリエチレン系遮水シート

1) 高密度ポリエチレン（HDPE）遮水シート

高密度ポリエチレンは，曲げなどのストレス疲労下で割れやすくなるストレスクラック性（ESCR）が課題であったが，1980年代からアメリカやドイツで重合方法などの技術開発によりストレスクラック性が改善された結果，最終処分場の遮水シートとして本格的に使用されるようになった。現在でも，欧米の最終処分場では，HDPE遮水シートが圧倒的に多く用いられている。1994年に日本に導入された。機械的強度が高く化学的安定性に優れるが，剛性が高いため，固定工の設計施工に配慮が必要である。

2）低密度ポリエチレン（LDPE，LLDPE）遮水シート

低密度ポリエチレン遮水シートは，密度が0.90～0.93のポリエチレンを用いた遮水シートである。使用する触媒や重合条件によってさまざまな特性の素材が得られる。

低密度ポリエチレン遮水シートは，高密度ポリエチレンに比べ密度が低下することで，耐候性や化学的安定性もやや低下するが，柔軟性があり，施工性が改善される。一方，線膨張係数が大きいため，余裕代を十分確保することや，接合作業を行う時間帯は，高温時を避けるなどの配慮が必要になる場合がある。

最近では，新たに開発されたメタロセン系触媒を用いたLLDPEを利用することで，柔軟性が高く，機械的強度や熱融着性能に優れる遮水シートが開発され，実績を伸ばしている。

3）超低密度ポリエチレン（VLDPE）遮水シート

超低密度ポリエチレン遮水シートは，HDPE遮水シートに比較するとかなり軟質である。接合方法は，HDPE遮水シートと同様に熱融着工法で行うが，低密度ポリエチレン遮水シート以上に夏場の作業に配慮が必要であり，低分子量成分の表面への滲み出しが熱融着を阻害することもあるので注意が必要である。

(5) ポリウレタン（TPU）遮水シート

ポリウレタンには大きく分けてエステル系とエーテル系の素材があり，遮水シートには一般的に耐加水分解性に優れるエーテル系の熱可塑性ポリウレタンが使用されている。ポリウレタン遮水シートは，引張強度および伸度がともに大きく，また降伏点を示さず，応力を除去すると初期状態に回復する。また，鋭利な突起物に対する突刺抵抗性も大きいなど，非常に優れた特徴を有している。しかし，高温（80℃）での長期使用は強度低下を招くおそれがあるため，遮光性保護マットなどで十分な保護を行う。表面性状が紫外線などにより変化しやすいため，特に接合予定部を長時間の日射から避けるなど熱融着部分のきめ細かな養生が必要である。

(6) 繊維補強遮水シート

繊維補強タイプは，ナイロンまたはポリエステルなどの基布の両面に，EPDM，PVCなどを被覆した複合遮水シートであり，力学的強度（引張強さ・引裂強さ）に優れている。また，基布があるために，万一損傷が生じても損傷が広がりにくい特長を持っている。基布の種類によっては，100％程度の伸び率を有するものもあるが，通常の伸び率は数10％程度であり，均質遮水シートと比べて小さい。基布が透水性を持つため，接合部を含め基布端部が露出しないような配慮を行う。

(7) アスファルト系遮水シート

アスファルト系遮水シートは，シートタイプと吹付けタイプがある。シートタイプは不織布などを基材とし，これに溶融したアスファルトを含浸させることで，厚さ3～4mmの遮水シートとしたものである。

アスファルト系遮水シートの特徴は，クラック伝播性が非常に小さく，傷の部分に応力が集中せ

ず，傷が拡大伝播しにくく強度の低下が小さいことである。合成ゴムや合成樹脂を主成分とした遮水シートが弾性を示すのに対して，アスファルト系遮水シートは塑性を示し変形すると回復しない。

吹付けアスファルトは，アスファルトエマルションにゴムラテックスなどを加えたゴム改質アスファルトエマルションに電解質溶液（分散剤）を特殊スプレーガンで混合しながら吹付けるものである。さらに，遮水層の保護のためにアクリル系トップコートを吹付ける。吹付けアスファルトは，急勾配法面やモルタル吹付け面に基布を敷設して，ゴム改質アスファルトエマルションを吹付けてシームレスな遮水層を形成するもので，多少の凹凸やオーバーハングしたところでも施工が可能である。

(8) シート・ベントナイト複合遮水シート

この遮水シートは，高密度ポリエチレン（HDPE）遮水シートの片面に粒状のベントナイトを接着させた二層構造で，HDPE 遮水シートの遮水性と優れた力学的強度や耐薬品性，そして，ベントナイトの水膨潤による漏水遅延機能を兼ね備えている。接合部の施工に工夫を必要とする。

2.4.3 遮水シートの製造方法

合成ゴム系，合成樹脂系，アスファルト系の遮水シートの工場での製造方法について以下に述べる。

(1) 合成ゴム系遮水シートの製法

合成ゴム系シートの製造プロセスを**図-2.4.1** に示す。

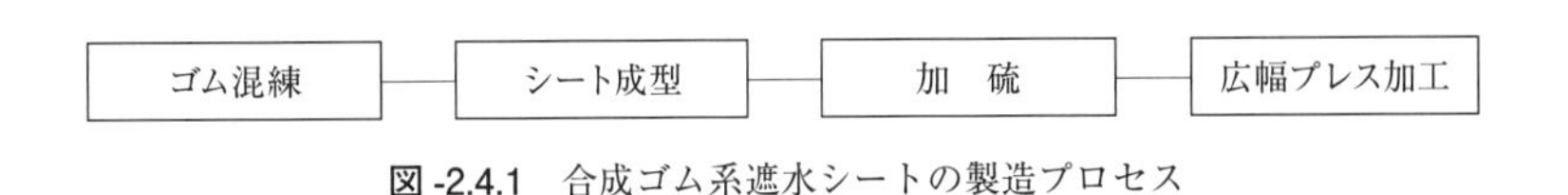

図-2.4.1　合成ゴム系遮水シートの製造プロセス

ゴム混練工程は，合成ゴム系であるEPDMに，カーボンブラック，プロセスオイル，加硫剤（硫黄など），充填剤などの薬品を秤量し，バンバリーミキサーなどの混合機械で練り上げる工程をいう。合成ゴム系材料の特性は，ゴムの種類（遮水シートではEPDM）やグレード，薬品の種類や混合比率によって左右され，これらは，ゴムメーカーやゴム技術者の固有の技術である。合成ゴムの配合におけるカーボンブラックの役割は非常に重要であり，炭素間結合による補強効果（引張強さがアップする）および紫外線を吸収することで耐候性を向上させる。ゴム混練に用いる設備は比較的大規模なものである。練り上がったゴムはコンパウンドと呼ばれ，板状または，ベルト状に仕上げられる。

遮水シート成型には，押出機およびカレンダーが主として用いられる。ゴム用押出機は，ヘッド（吐出部），シリンダーおよびスクリューで構成される。ベルト状のゴムをスクリューで混合，加熱しながら所定の形状の隙間を持つヘッドからシート状のゴムを押し出す加工方法である。通常，幅

1.2 m 程度の遮水シートを連続的に押出加工する。その製造方法を**図-2.4.2**に示す。

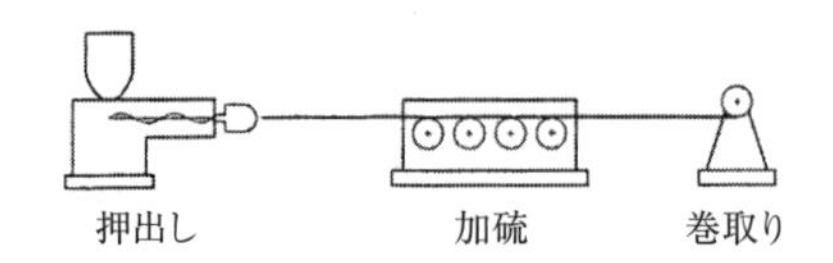

図-2.4.2　合成ゴム系遮水シートの製造方法

加硫工程は，合成ゴムの特徴的な工程であり，ゴムに硫黄などの加硫剤と呼ばれる反応薬品を添加したものを，加熱する工程である。150～250 ℃で 10～30 分間加熱する。加熱処理は，加硫缶という圧力容器に入れ加熱する方法や連続的に加熱する方法があるが，近年では，後者の方法が採用されている。

広幅プレス工程は，加硫ゴムシートの端部に EPDM を主成分とし，反応性に富む接合用未加硫テープを挟んで，大型プレス機で熱加圧することで一体化を行う工程である。

(2) 合成樹脂系遮水シートの製法

合成樹脂系遮水シートの製造プロセスを**図-2.4.3**に示す。

図-2.4.3　合成樹脂系遮水シートの製造プロセス

レジンブレンド工程は，レジン（合成樹脂原料）にカーボンブラックやその他の添加剤を所定の比率でブレンドする工程である。また，成型工程で発生する端部等の製品とならない部分の遮水シートなどを工程内でリサイクルすることができ，一定の比率で裁断した後にブレンドする。また，ブレンドに先立ち，水分を吸収しやすい樹脂は，乾燥を必要とする。ほとんどのケースで，遮水シートの色は黒色であり，紫外線を吸収する役割としてカーボンブラックをブレンドし，微量の酸化防止剤などを添加している。通常，HDPE，TPO（PP 系），TPU などの合成樹脂の場合には，1 種類のレジンが用いられ，重量比率で 95 %以上を占める。一方，TPO（PE 系）では，ゴム成分としてのエラストマーをブレンドすることがある。

遮水シート成型工程とは，樹脂をシート状に成型する工程である。成型方法としては，押出加工およびカレンダー加工がある。遮水シートの押出加工は，ブロー成型と T ダイ押出成型に大別される。その模式図を**図-2.4.4**に，設備例を**図-2.4.5**に示す。

ブロー成型とは，ブロアーで，下方から上方へ送風し，樹脂を円筒状に吹き上げながら，円筒形の遮水シートやフィルムを成型する方法である。スーパーマーケットの買い物袋（HDPE），ごみ袋などが代表的な製品である。遮水シートでは，米国製の HDPE に多くみられ，直径 2～3m 程度の円形状のヘッドから樹脂を押出し，幅 7～10m 程度のシートを成型する。ブロー成型法の特徴は，機械プロセスの方向と同時に幅方向に膨らむことから，長手方向と幅方向の特性の差異が比較的少

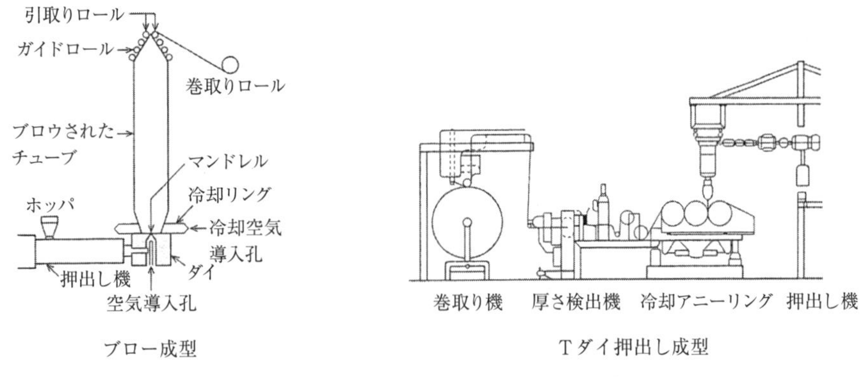

ブロー成型　　　Tダイ押出し成型

図-2.4.4　合成樹脂系遮水シートの製造方法

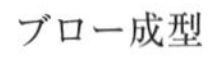

ブロー成型　　　Tダイ押出し成型

図-2.4.5　合成樹脂系遮水シートの成型設備例

ないことである。また，ブロー成型後に折り返しすることから，通常，幅方向に2箇所の折れ線が生じることもこの製法の特徴である。

Tダイ押出し成型とは，細長いスリットを持つヘッドから溶融した樹脂を押出し，冷却ロール等の引取装置を用いて，冷却する方法である。通常T字型のダイ（ヘッドの樹脂吐出部）を持つことからこのように呼ばれる。遮水シートの成型幅は2～7mである。

広幅熱融着工程の国内における加工設備は，遮水シートの成型幅が2～5m程度のものを工場内で現場施工に適した幅に加工するケースがある。現場施工における熱融着に用いる自走式熱融着機を工場内で使用する方法である。工場内では，安定した環境で，かつ，手順通りの作業ができることから，検査孔を持たないシンプルなシングル融着を採用し，接合部検査は，抜取り検査を行う。

(3) ゴム改質アスファルト系遮水シートの製法

ゴム改質アスファルトシートは，基布材にアスファルトを含浸，積層加工し，硅砂やフィルムを付けるなどの表面加工を施して製造されている。製造方法の概要を**図-2.4.6**に示す。

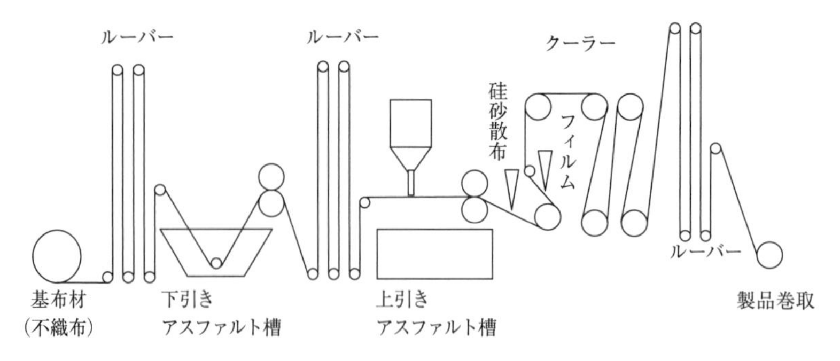

図-2.4.6　ゴム改質アスファルト系遮水シートの製造方法

2.5　液状遮水材の種類と製造方法 1)

2.5.1　液状遮水材の種類

液状遮水材の種類を第1章，図-1.1.2に示す。一般的に使用されている液状遮水材は，ウレタンゴム系が圧倒的に多くなっているが，その他に，FRP系，アクリルゴム系，ゴムアスファルト系，エポキシ系，セメント系などの材料も使用されている。このうち，アクリルゴム系の用途はほとんどが外壁防水で，エポキシ系は耐薬ピットや防食ライニングなどが主で，FRP系やセメント系は建築用途が主であり，土木関連用途としてはウレタンゴム系またはゴムアスファルト系が主となっている。

2.5.2　液状遮水材の材質とその特徴

(1)　ウレタンゴム系

材料であるウレタンゴムは，一般的にはPPG（ポリオキシプロピレングリコール）とTDI（トリレンジイソシアネート）を主成分とする主剤と，PPGとアミン化合物を主成分とする硬化剤からなり，この2成分を現場で混合攪拌して反応硬化させる。

補強布と組み合わせて，所定の厚さに塗りつけて遮水層を作る塗布工法と超速硬化ウレタンを吹き付けて遮水層を作る吹付け工法とがある。塗布工法では施工時の天候に左右されるが，吹付け工法では瞬時に硬化するため，天候による品質の変化は生じにくい。

また，ウレタンゴム系材料にはポリイソシアネートとポリオールを反応させたポリウレタンとポリイソシアネートとポリアミンを反応させたポリウレアがある。

(2)　クロロプレンゴム系

クロロプレンを主原料とし，充填剤を配合した溶剤系の遮水材料で，価格が高く，作業工程も多いことから，特に耐候性を要求される場合などに使用されている。

(3) アクリルゴム系

アクリレートを主原料とするアクリルゴムエマルションに充填剤等を混合した１成分形遮水材料で，主成分はアクリル酸エステルであり，遮水層の伸び性能は良好で下地の動きに追従できる。塗布工法・吹付け工法があり，補強布は使用しない。一般には，建築外壁の防水に用いられる。

(4) エポキシ系

構造上は，分子内にエポキシ基を２個以上含む化合物で，常用できる耐熱温度は150～200℃，比重は1.1～1.4の熱硬化性プラスチックで，タイプとしては，ビスフェノールＦ（BisF）とビスフェノールＡ（BisA）がよく知られている。

塗料としては，自動車用電着塗料，船舶・橋梁用重防食塗料，飲料用缶の内面塗装用塗料に使われる。

また，構造材料用のエンプラとして使われる用途には，橋梁の耐震補強，コンクリート補強，建築物の床材，上下水道施設のライニング，排水・透水舗装，車両・航空機用接着剤，ゴルフクラブやテニスラケット等のスポーツ用品用複合材料等がある。

(5) ゴムアスファルト系

アスファルトと合成ゴムを主原料として，硬化剤に水硬性無機材料や凝固剤を用いるエマルション系遮水材料で，塗布型と吹付け型があり，土木分野のトンネル，橋梁などが主な用途となっている。

補強布または改質アスファルト系シートと組み合わせる塗布工法と，ゴムアスファルト系吹付け用乳剤を用いる吹付け工法とがある。前者は作業の安全性は高いが，硬化に時間を要する。通常，表面は保護仕上げとする。後者は下地への密着力が強く，万一遮水層に穴が開いても損傷の影響が周囲に広がりにくい。

(6) FRP系

ポリエステル樹脂を塗布した上にガラスマットを貼り，その上から防水用ポリエステル樹脂を含浸・硬化させ，さらにポリエステル樹脂を塗布して防水層を構成する。露出仕上げで非常に硬く，下地への接着力が強いため下地の動きに追従できない欠点もある。

(7) セメント系

水槽や地下での防水に用いられ，下地は原則として現場打ちのコンクリートに限定される。防水剤を混入したモルタルを施工する方法，ケイ酸質の防水剤を塗布してコンクリートの空隙を埋める工法，ポリマーエマルションをセメントの水和反応で凝固させる工法がある。

2.5.3　液状遮水材の製造方法

液状遮水材は遮水シートのように工場で成形されるものでなく，施工現場で成形される。液状遮水材の施工手順や方法は，各工法により異なるため，各工法に適した材料の管理や施工計画書に基づいた施工要領書を作成し，工程管理，品質管理および安全管理を行わなければならない。また，遮水シートを用いた工法とは異なり，施工下地が遮水性能に大きく影響するため，特に施工下地の確認は重要である。

一般的な施工のフローを**図-2.5.1**に，吹付システムの概要を**図-2.5.2**に示す。

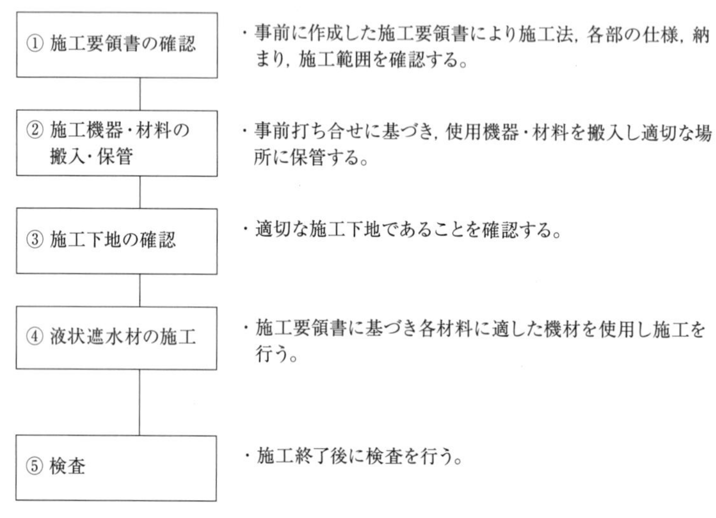

図-2.5.1　施工フロー図

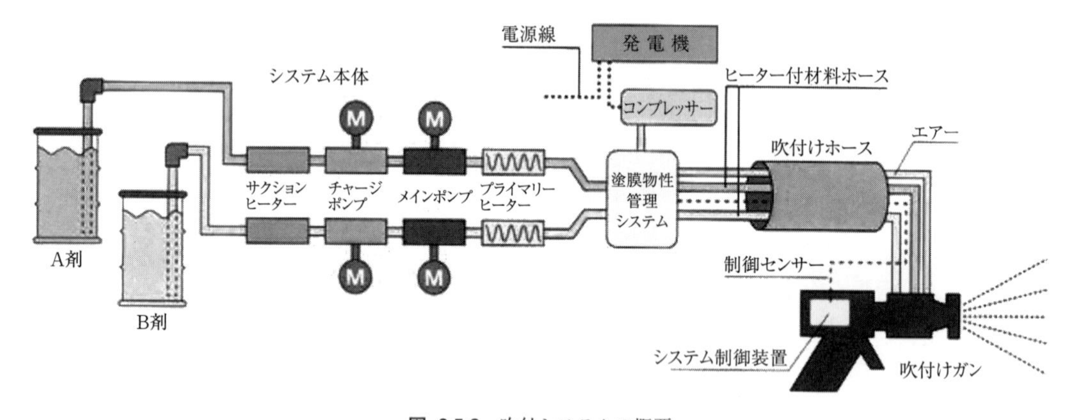

図-2.5.2　吹付システムの概要

2.6 保護マットの種類と製造方法

2.6.1 保護マットの種類

保護マットの種類を第1章，**図-1.1.3** 保護材料の分類に示す。人工保護材としての保護マットには，最終処分場に使用される保護マットの基準として，日本遮水工協会自主基準の他に，全国都市清掃会議「廃棄物最終処分場整備の計画・設計・管理要領2010年度版」の参考資料編に「保護マットの目安」(**表-2.6.1**) として記載されており，保護マットに求められる機能により，**表-2.6.1** に記載してある特性を満足することが求められる。

表-2.6.1 保護マットの種類と特性目安値 [5)]

項目		単位	試験法	長繊維不織布	短繊維不織布	反毛フェルト*	ジオコンポジット
材質				合成繊維・合成樹脂			
目付量		g/m^2		400以上	500以上	1 000以上	
基本特性	引張強さ	N/5 cm	JIS L 1908	925以上	140以上	100以上	500以上
	貫入抵抗	N	ASTM D4833	500以上			
耐久性	耐候性	N	JIS A 1415	WS形促進暴露試験後（1 000 hr以上）の貫入抵抗 500以上			
	遮光性	%	JIS L 1055	WS形促進暴露試験後（1 000 hr以上）の遮光率 95以上			
安全性	溶出濃度		環告第13号法 総理府令 第35号	溶出試験において，排水基準値以下であること			

* JIS L 3204「反毛フェルト」の第3種（合成繊維を主体としたもの）4号相当以上

(試験法)

JIS L 1913　一般不織布試験方法

JIS A 1415　高分子系建築材料の実験室光源による暴露試験方法

JIS L 1055　カーテンの遮光性試験方法

JIS L 1908　ジオテキスタイル試験方法

ASTM D 4833　突刺貫入試験方法

環境庁告示第13号（略して環告第13号法）(昭和48年)

産業廃棄物の有害性を評価する試験方法

総理府令第35号（昭和46年6月21日）排水基準を定める省令

2.6.2 保護マットの材質とその特徴

人工保護材としての保護マットには次の材質が用いられている。

(1) 長繊維不織布

長繊維不織布は，主にポリエステル繊維（密度1.3 g/cm^{3}程度）やポリプロピレン繊維（密度0.95 g/cm^{3}程度）等を溶融紡糸した長繊維（フィラメント）を原料とし，ウェブと呼ばれるマット状の繊維集積体をニードルパンチ法による交絡や熱融着等によりマット状に成形されたものである。本書では実績の多いポリエステル製について記載している。

長繊維不織布については製法上一度に高目付を製造することが難しく，目付量は最大で1 500～2 000 g/m^2，厚さは10～15 mmが限度となる。通常は目付量400～600 g/m^{2}で，製品嵩密度は0.10～1.11 g/cm^{3}となり，施工現場へは2 m幅×50 m長程度，40～60 kgのロール製品が使用されている。現場からの要望により，法長に合わせた短尺製品の出荷や広幅加工を行うこともある。

(2) 短繊維不織布

短繊維不織布は，通常ポリエステル，ポリプロピレン，アクリルおよびビニロン等の合成繊維を原料とし，長さ30～80 mmの短繊維を単独または混合してマット状の集積体とし，主にニードルパンチ法によって不織布にされる。短繊維不織布は，均一なウェブにするため，捲縮（クリンプ）が付与されており，圧縮に対する嵩高性やクッション性が高くなっている。また，補強のため，補強基布を挟み込んだり，織り込んだものもある。

短繊維不織布は厚さ30 mm，目付4 000 g/m^{2}程度，長さ30 m以上は十分に製造できるが，目付量が大きいものは製造しにくいので，各メーカーへの問い合わせが必要である。短繊維不織布の基準は目付量500 g/m^{2}以上となっているが，この規格での使用はほとんどなく，1 000 g/m^{2}以上で使用されることが多い。現場施工を考慮して，2 m幅×20 m長の40 kg程度のロール製品が使用されている。現場からの要望により，法長に合わせた短尺製品を出荷したりすることもある。

(3) 反毛フェルト

反毛フェルトは，短繊維不織布の一種であるが，反毛繊維（主として糸くず，織物，その他繊維製品などをわた状に戻した繊維）を用い，比較的安価でかさ高な不織布であることから，短繊維不織布とは別に分類される。

JIS L 3204「反毛フェルト」の第3種（合成繊維を主体としたもの）4号相当以上のものが適用される。反毛フェルトは目付量1 200 g/m^{2}がほとんどであるが，一部ポリエステルリサイクル繊維が混入しているものもある。短繊維不織布・反毛フェルトの材料密度は1.0～1.7 g/m^{3}程度と製品によって異なり，また強度も繊維長さ，繊維の質によって異なる。製造方法および製品形態は短繊維不織布と同じである。

(4) その他

1) 高耐候性処理品（遮光性機能材料）

法面に敷設された遮水シートの屋外暴露による紫外線劣化保護のため，遮光性マットまたは遮光性保護マットとして使用されている。遮光性機能材料として，従来の不織布表面にアクリル繊維不織布，アクリル樹脂含浸不織布および耐候処理フィルム等の積層品などがあり，表面凍結しにくいものは雪害対策用としても使用されている。

2) ジオコンポジット

ジオコンポジットは，合成樹脂製の基材と不織布からなる複合材で，二重遮水シートの中間保護マットまたは水平排水材として使用される。本来排水機能が主の役割で底面部あるいは法面部の地下水集排水，二重遮水シート間の水平排水材，浸出水集排水管の下面に敷設して浸出水集排水等の用途に用いられる。

基材の形状により，エンボス型，立体網状型，ネット型などに区分されており，それぞれのタイプにより耐貫通性，通水性，ガス排気性，圧縮抵抗性などの特色がある。図-2.6.1に代表的なジオコンポジットの概略図を示す。

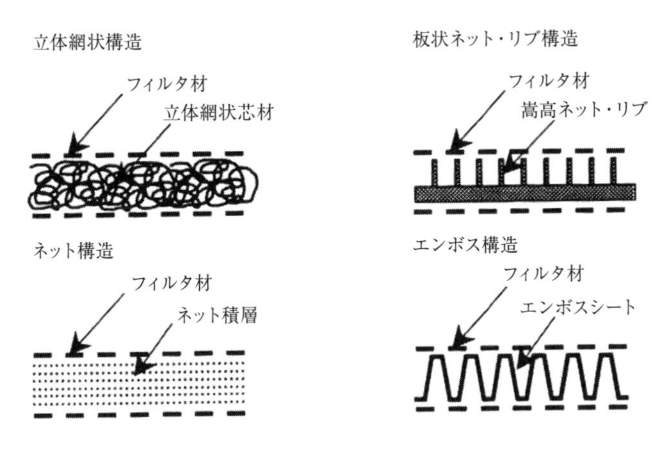

図-2.6.1 ジオコンポジット略図

3) その他保護材

その他保護材料には，吹付工法によるウレタンフォーム，発泡スチロール板など遮水シート上部の法面に限定し，保護材料として利用される。その他にはGCLと呼ばれるベントナイトを使用した複合シートや高分子吸収体を挟み込んだ不織布や繊維の膨張を活用した機能性材料が使用される例も多くなってきている。

2.6.3 保護マットの製造方法

保護マットは繊維形状（長さ，太さ），繊維種類（単一，組合せ），製造方法などによって性能が異なる。保護マットの製造はマット状の繊維集積体をつくり，ニードルパンチ工程または接着剤や熱接着で繊維同士を接合，あるいは交絡させてフェルト状にしたものである。長繊維不織布の代表的な製造法を**図-2.6.2**，短繊維不織布の代表的な製造法を**図-2.6.3**に示す。

長繊維不織布，短繊維不織布ともに基本的には，この方法で製造されるが，長繊維不織布は紡糸工程から積層工程までが直結しており，短繊維不織布は開繊・混綿の準備工程を経て繊維層を形成する。

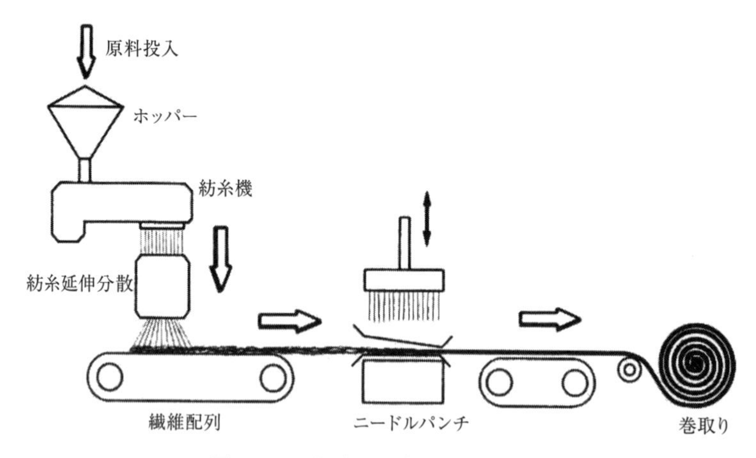

図-2.6.2　長繊維不織布の製造工程例

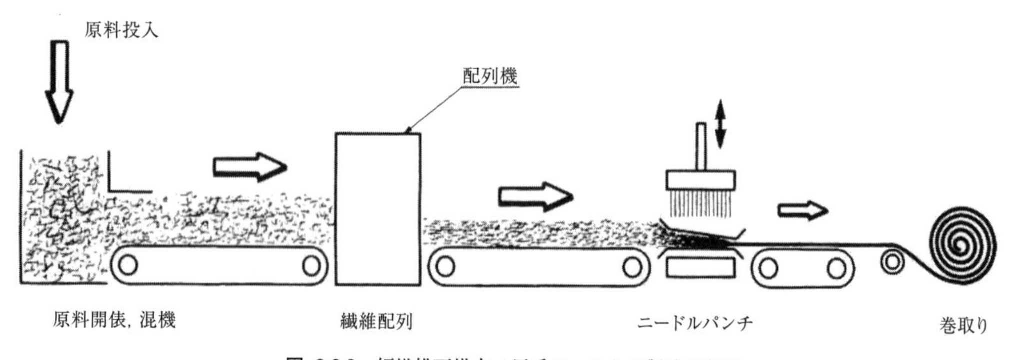

図-2.6.3　短繊維不織布／反毛フェルトの製造工程例

ジオコンポジットは表面のフィルタ層と心材をラミネートして成形される。製造方法はエンボス型，立体網状型，ネット型などに区分されているように多岐にわたる。

2.6.4　保護マットの適用

最終処分場の保護マットの用途には上部保護マット，中間部保護マット（二重遮水シート構造の場合），下部保護マットがあり，遮水材料が外力によって損傷を受けるのを防ぐ保護機能と直射日光等に長時間暴露されることで遮水材料の劣化を防止する目的を持つ遮光性保護マット（または遮光性マット）がある。

(1) 上部保護マット

上部保護マットには，使用箇所と機能発揮時期により以下の機能が必要となる。

1) 底面部

底面部に敷設する遮水材料の上部保護マットは，通常上部に保護土や浸出水集排水施設が構築されることより，**表-2.6.1** における耐久性の遮光性・耐候性は必要としないが，基本特性・安全性は必要となる。

2) 法面部

法面部に敷設される遮水材料上部保護マットは，通常廃棄物が埋立てられるまで直射日光に暴露された状態であることより，遮水材料を保護するために**表-2.6.1** における基本特性・安全性の他，耐久性の耐候性および遮光性が必要となる。

暴露期間が長期にわたる場合，機能検査を実施し，暴露向きにもよるが目安として7～8年（南向）での張替えも検討する必要がある。

(2) 中間部保護マット

中間部保護マットは二重遮水シートによる遮水構造を構築した場合，外力により上下の遮水シートが同時に損傷することを防止する目的で敷設するものであり，**表-2.6.1** における耐久性の遮光性・耐候性は必要としないが，基本特性・安全性は必要となる。

粘性土層と遮水シート，アスファルト・コンクリートと遮水シートの二重遮水構造においては適応しない。

(3) 下部保護マット

下部保護マットは基礎地盤と二重遮水シートの下部シートの間に敷設することで，外力により下部遮水シートの損傷を防止する目的で敷設するものであり，**表-2.6.1** における耐久性の遮光性・耐候性は必要としないが，基本特性・安全性は必要となる。

粘性土層と遮水シート，アスファルト・コンクリートと遮水シートの二重遮水構造においては適応しない。

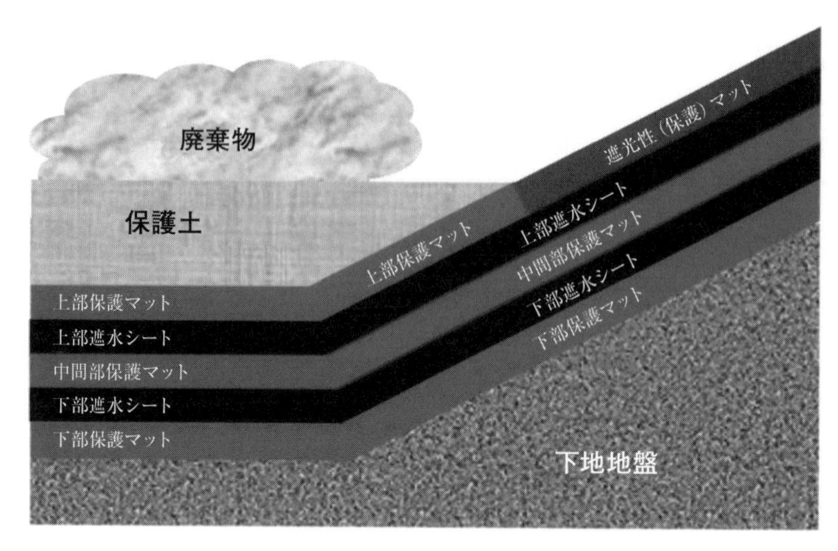

図-2.6.4　二重遮水シート構造の場合の保護マット敷設位置例

参考文献

1)　国際ジオシンセティックス学会日本支部ジオメンブレン技術委員会：液状遮水材による遮水工マニュアル，2013

2)　総理府，厚生省：一般廃棄物の最終処分場および産業廃棄物の最終処分場に係わる技術上の基準を定める命令の一部を改正する命令（共同命令）告示，衛環第51号，1998

3)　厚生省：廃棄物最終処分場の性能に関する指針について（廃棄物最終処分場性能指針），生衛第1903号，2000

4)　小山文敬，石井一英，阿賀裕英，佐藤昌宏，落合知：廃棄物最終処分場における長寿命化および気候変動への問題対応の実態把握，土木学会論文集G（環境），Vol.76，No.6，Ⅱ 23-Ⅱ 34，2020

5)　全国都市清掃会議：廃棄物最終処分場の計画・設計・管理要領，2010

6)　日本遮水工協会：廃棄物最終処分場，遮水工技術・施工管理マニュアル，2006

7)　全国都市清掃会議：廃棄物最終処分場整備の計画・設計要領，2001

第３章
耐久性評価試験方法と評価データ

3.1 耐久性評価の現状

廃棄物最終処分場に敷設される遮水シートの役割は，廃棄物や浸出水等による地盤，地下水の汚染を防止することにある。遮水工に要求される耐用年数としては，一般的な供用期間15年に加え廃棄物が安定化するまでの期間が必要とされている。

ここで遮水シートの耐久性についてそれらが使用されている環境条件を考えると，埋立地の底部やそれに近い法面に敷設された遮水シートは，敷設後比較的早期に廃棄物や覆土によって埋没され，浸出水にさらされる。一方，法面上部に敷設される遮水シートは，約15年後の埋立て完了直前まで日光に暴露される部分もある。前者では，廃棄物からの浸出水やそれに含まれるさまざまな成分，そして微生物，あるいは廃棄物の分解熱等に対する耐久性（耐薬品性，熱安定性，微生物安定性等）が求められる。後者においては，日射による熱や紫外線そして風雨（酸性雨）等に対する耐久性（耐候安定性，耐酸性等）が求められる。さらに，コンクリート構造物に接触するような部分では，コンクリートの強アルカリに対する耐久性（耐アルカリ性）が求められる。

一般に遮水シートを構成する高分子材料は，紫外線や熱，風雨等にさらされると徐々に劣化していくが，なかでも紫外線の影響が大きいと考えられている[1),2)]。そこで，屋外で使用される高分子材料に関しては，その耐候安定性を向上させるために光安定剤や酸化防止剤，紫外線吸収剤などを添加することが一般的であり，材料に見合った処方が研究されている[3)～5)]。そして，遮水シートについても適切な処方が行われるようになってきている。一方，遮水シートを構成する高分子材料は浸出水や酸性雨，コンクリートからのアルカリ水等に対しては比較的安定であり，微生物に対してもその化学構造よりおかされにくいと考えられている。したがって，「遮水シートの耐久性」を論じるとき，その中心となる課題は「遮水シートの耐候安定性」である場合が多い。

しかし，遮水シートの耐久性に関する明確な定義はなく，評価法や指標となる特性値も明確に決められていないため，長期的な供用の安全性に対する社会的な不安をぬぐいきれない状況が続いている。これは，今までの耐久性評価が室内での促進試験中心であり，長期に渡る屋外暴露試験例が少なく，促進試験と屋外暴露試験との関係や評価メジャーも明確に把握できていないからである[6)～10)]。

高分子材料である遮水シートの耐久性（耐候性）を数式で予測することは，それを支配する因子が多く，それらの相互作用もあり非常に困難である。そこで，今日広く行われているのは室内での促進試験や加熱劣化試験，あるいは高濃度の薬液浸せき試験等を実施して，劣化の時間的進行度合いを引張特性の変化などで追跡し，経験的に耐久性を判断する方法である[6)]。例えば，小池・田中ら[7)]は，紫外線と熱の定量的評価による劣化予測手法を提案している。また，富板[8),9)]は，これに，さまざまな気象データを加味し地域差を考慮した予測マップを作成し，さらに安定剤の失活も考慮した劣化予測手法を提案している。しかし，これらの方法を適用するためには多水準の促進暴露試験や熱劣化試験が必要となる。

加納ら[10)]は，6種類の遮水シートを用いて，屋外暴露試験との比較ではないが10 000時間に及ぶ促進試験を実施し，物性変化は比較的小さかったと報告している。

屋外暴露試験は，膨大な時間を要することもあり，計画的に実施された例は非常に少ない。中では，長束ら[11]が農業池用の加硫ゴム遮水シートについて20年以上にわたり力学特性を追跡している。また，松山ら[12]は，さまざまな遮水シートを用い，屋外促進暴露試験として短期の集光暴露試験を実施して，物性変化や表面状態の観察を行い15年間相当の屋外暴露試験結果から特性変化は小さく，遮水シートの耐候性は十分と予測している。

現場から得られたデータは，一般に社内資料として蓄積されており対外発表された事例は非常に少ない。比較的新しいデータとしては，原田ら[13)~15]が，代表的な4種類の遮水シ－トについて10年間に渡る屋外暴露試験と5 000時間以上の促進暴露試験を並行して行い，遮水シートの伸び率，引張強さの変化は小さく，耐久性に十分余力があることと，屋外暴露と促進暴露の関係についても物性，表面観察，表面分析から明らかにしている。また，一部の遮水シートについては，ひずみを最大10 %与えて10年間屋外暴露試験を行って，伸び率，引張強さの変化がひずみを与えない場合と大差ないことを報告している。遮水シートの接合部についても同様の屋外暴露試験を行い，せん断強さ，剝離強さがほとんど変化しないと報告している。これらに基づき近年の代表的な5種類の遮水シートにて促進暴露試験を行っている[16]。さらに，遮光性保護マットの効果についても明らかにしている。

一方，中山ら[17]は，屋外暴露試験評価に非破壊検査の導入を検討している。海外ではTarnowski[18]らが30年以上供用したHDPEシートを回収し，OIT（酸化劣化誘導時間）での劣化寿命予測評価を行っており，暴露時間とともに表面の酸化劣化防止剤が減量していく様子を捉えている。清水ら[19]も国内3箇所で防水資材の屋外暴露と促進暴露実験を並行で開始しており，今後多くのデータが蓄積され，予測評価の精度も上がっていくものと思われる。

埋立終了後も廃棄物が安定化するまでの間，遮水シートにはさらなる長期耐久性が要求される。さまざまな成分を含む浸出水，酸性雨やコンクリートに起因するアルカリ水，そして微生物の影響や本来廃棄されるべきでない薬品類の影響も考慮しておいた方が良いと思われる。耐水性や耐薬品性（酸，アルカリ）についても，原田らが代表的な遮水シートについて浸せき試験を行った結果を報告している[16]。また，微生物によるさまざまな材料劣化（塩化ビニル，ポリウレタン，ポリエチレンなど）については，遮水シートそのもので評価した事例ではないが，篠や大武らが詳しく報告している[20)~21]。

本章では，これらの中から現在，廃棄物最終処分場の遮水シートとして多く適用されている材料に関する比較的新しいデータを中心にまとめる。

3.2　耐候性試験法の種類と諸外国の動向

耐候性試験法は，室内促進暴露試験法と屋外暴露試験法に分類され，それぞれに多様な方法がある。これらの試験法については，ISO/TC61/SC6/WG2において審議されており，内容については，高根らの報告[22]に詳述されている。

室内促進暴露試験法は，ISO 4892 に規格化されており，実験室光源として3種類，すなわちキセノンアークランプ，紫外線蛍光ランプ，オープンフレームカーボンアークランプ（サンシャインカーボン）で構成されており，JIS K 7350 がこれに対応している。**表-3.2.1** に室内促進暴露試験装置とその概要を示す。

表-3.2.1　室内促進暴露試験装置とその概要

ウェザーメーターの種類	概　　要
サンシャインカーボンアークランプ（オープンフレームカーボンアークランプ）	300～350 nm 付近までは太陽光と比較的近似しているが 360 nm 以上に大きなピークを持っている。現在最も多く使用されているタイプは，255 nm からの短波長紫外線を透過するので太陽光には含まれない短波長紫外線を含むという理由と，太陽光と長波長側の分光分布が大きく異なるという理由から屋外との相関性を疑問視する声もあるが，我が国においては歴史的に多くの実績を持ち，全ての促進耐候性試験の基本とも言える光源である。
紫外線カーボンアークランプ	現在使用されている様々な光源の中では最も古くから使用されており，維持費も比較的低価格であるが，350 nm 以下には放射照度がほとんどないため短波長紫外線を吸収する材料に対しては効果が期待できない。
キセノンアークランプ	ランプとガラス製フィルタとの組み合わせによって現在使用されている光源の中では 300～400 nm の範囲の紫外線の分光分布がもっとも太陽光に近く，促進耐候性試験の主流となっている。また，使用時間の経過とともに紫外部の短波長部が減少し長波長側が増えるという特徴があり，ランプとフィルタの使用時間の管理が重要である。
紫外蛍光ランプ	可視・赤外部の放射照度をほとんど持たないランプであり，紫外部のピーク波長によって種類が決められている。ピーク波長が 340 nm，351 nm および 313 nm 周辺のランプが使用されている。可視・赤外部にほとんど放射照度を持たないため，どのような表面色の試料でも表面温度がほぼ同じになるという特徴がある。
メタルハライドランプ	紫外部の放射照度が極めて高く，オープンフレームカーボンの 10 倍以上強い紫外線を放射する。表面色の変化などには促進性が認められその用途が広がっている。このランプによる試験方法はまだ標準化されていないため様々な試験条件で試験が行われており，試験結果の相互比較あるいは試験方法の標準化が課題となっている。

国内では主としてサンシャインカーボン型が使用されており，遮水シートへの適用例としては，JIS K 7350 の引用規格である JIS A 1415 高分子系建築材料の実験室光源による暴露試験方法に準拠した JIS A 6008 合成高分子系ルーフィングシート，日本遮水工協会の自主基準における遮水シートの耐久性試験法等がある。

表-3.2.1 に示すように欧米では太陽光の分布に近いキセノンアークランプ型が主流となっており，ISO の基準化取り組みもキセノンが中心である。米国では促進倍率の高い紫外線蛍光型も好まれている。また，最新の動向としては，ドイツより酸性雨と組み合わせた耐候性評価試験，フランスからは水銀灯を使用した試験方法などが提案されている。

屋外暴露試験方法については，ISO 877 に直接暴露，アンダーグラス暴露，集光暴露の3種類が規格化されている。直接暴露では，試料の暴露角度や設置高さ，取り付け方法が規定されており，JIS K 7219 がこれに対応している。また，集光暴露試験は，反射鏡の品質や実施可能な気象条件が定められている。暴露後の物性測定については，ISO 4582 に規定されており JIS K 7362 がこれに対応している。

最近では，短期間に評価を行うため「メタルハライドランプ式耐候性試験機」を使用した超促進暴露試験が行われるようになった。メタルハライドランプ（metal halide lamp）とは，水銀とハロゲン化金属（メタルハライド）の混合蒸気中のアーク放電による発光を利用した高輝度，省電力，長寿命のランプのことで，略称としてメタハラと呼ばれる場合もある。その他チョーキング，クラック現象を再現したいなど,「目的」,「材料」によって，サイクル，設定条件を変えることができる。

3.3　室内促進試験法と評価データ

3.3.1　室内促進試験法

国内においては主としてサンシャインカーボンを光源とする促進暴露試験が広範に行われているが，それらの多くは光沢や退色を評価するものであり，強力な耐候処方を加えた実用配合の力学特性を追跡した公表例は少ない。**図 -3.3.1** にサンシャインウェザーメーター試験装置の概要を，**図 -3.3.2** にサンシャインカーボンアークと太陽光分光分布および光フィルタ透過率の仕様を示す。また，**図 -3.3.3** にメタルハライドランプ式耐候試験機の概要を，**図 -3.3.4** にメタルハライドランプと各種（キセノン，カーボンアーク）光源の分光分布を示す。

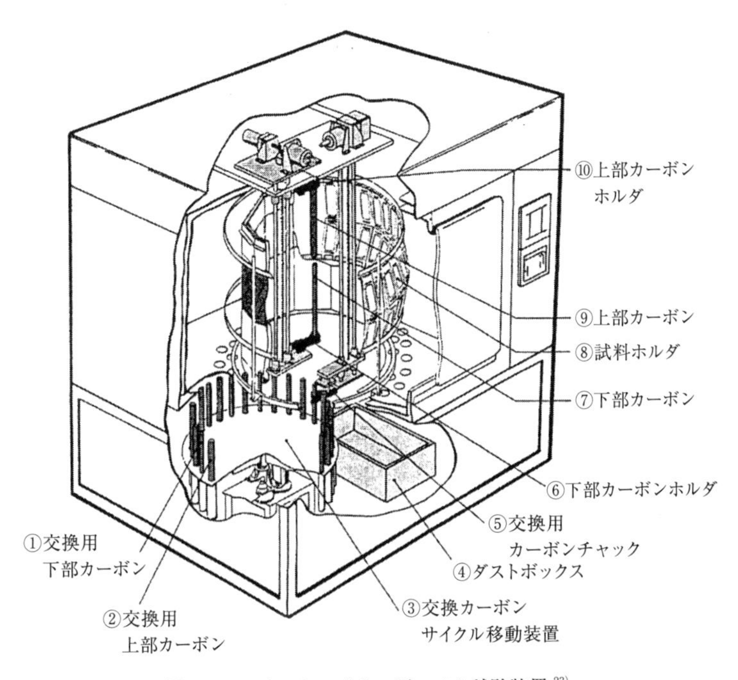

図 -3.3.1　サンシャイウェザーメタ試験装置 [23)]

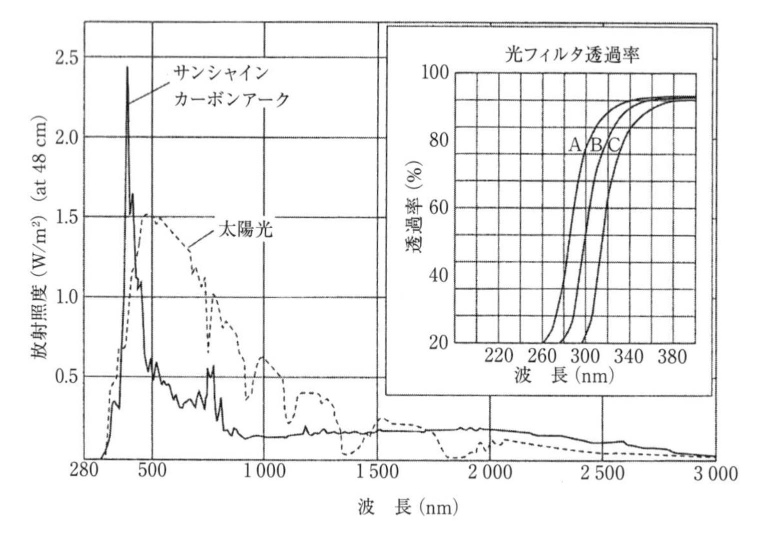

図-3.3.2　サンシャインカーボンアーク，太陽光分光分布，光フィルタ透過率 23)

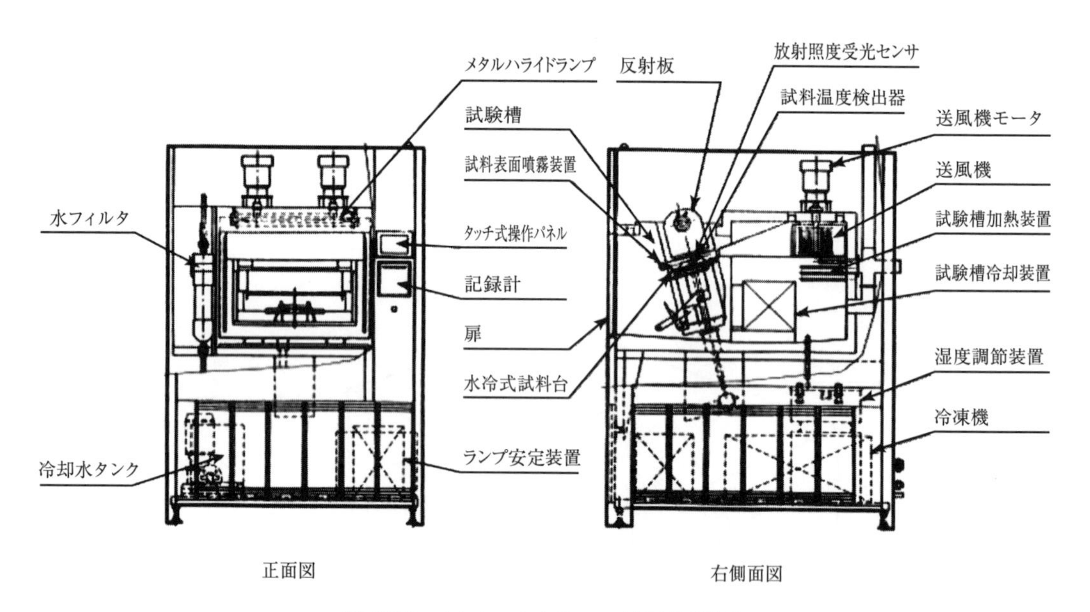

図-3.3.3　メタルハライドランプ式耐候試験機

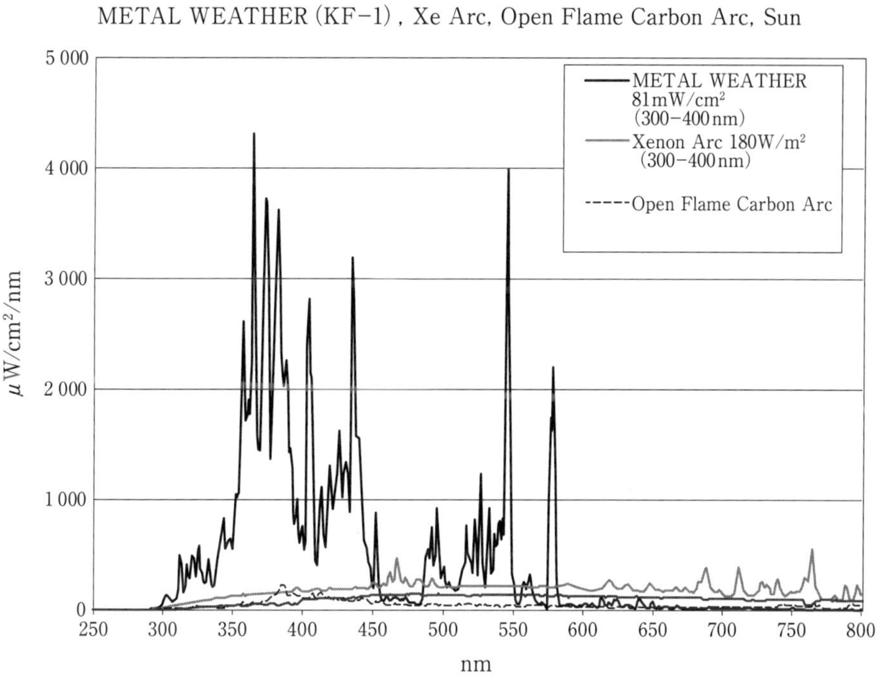

図-3.3.4　メタルハライドランプ，キセノン，カーボンアーク分光分布

促進試験の考え方として，例えば，光のファクターを考えた場合，下向赤外放射量を考慮すると日本における年平均日射量 $E_1=5\,011$ MJ/m^2（2012～2021 年）に下向赤外放射量 $E_2=10\,750$ MJ/m^2 を加えた総エネルギー量は 15 761 MJ/m^2 となる。

$$\sigma T^4=5.67\times10^{-8}\times3\,600\times24\times(273+15.4)^4=0.004899\times(273+15.4)^4$$

$$=0.004899\times6918=33.891\ \text{MJ/m}^2/\text{日}$$

$$E_2=33.891\ \text{MJ/m}^2/\text{日}\times365\ \text{日}\times0.869\ (\text{補正係数})=10\,750\ \text{MJ/m}^2/\text{年}$$

ここで，σ ：ステファン・ボルツマン定数 5.67×10^{-8} (Wm^{-2}K^{-4})

T ：絶対温度（K）

E_2：下向赤外放射量（MJ/m^2/ 年）

促進試験の場合，ブラックパネル温度 63 ℃，相対湿度 50 %時の槽内温度は 38 ℃より，下向赤外放射相当量は次に示す式より，

$$\sigma T^4=5.67\times10^{-8}\times3\,600\times24\times(273+38)^4$$

$$=0.004899\times(273+38)^4=0.004899\times9\,355=45.830\ \text{MJ/m}^2/\text{日}$$

$$E_2=45.830\ \text{MJ/m}^2/\text{日}\times365\ \text{日}\times0.869\ (\text{補正係数})=14\,537\ \text{MJ/m}^2/\text{年}$$

となる。**表-3.3.1** にこの考え方に基づいたサンシャインウェザーメーター試験時間（SWOM）およびメタルハライドランプ式耐候試験（メタハラ）時間と屋外暴露期間の関係を示す。

表-3.3.1　ウェザーメーター試験時間と屋外暴露期間の関係

種類	年平均総日射量 (E_1)	紫外線強度	屋外暴露 1年相当時間	年平均下向赤外放射量 (E_2)	年平均総エネルギー量 (E_1+E_2)
屋外暴露	5,152 MJ/m^2 *	309.12 MJ/m^2 **	365 day	10 750 MJ/m^2	15 761 MJ/m^2
SWOM		0.918 MJ/m^2/h ***	337 h	14 537 MJ/m^2	19 548 MJ/ ㎡
メタハラ		4.68 MJ/m^2/h ***	66 h		

*　日本における年平均日射量（2012～2021年）に温度補正（15.4℃）する。具体的には，年平均日射量（=5 011MJ/m^2）× 温度補正係数 α_1（$=2^{(15.4-15)/10}$ = 1.0281）=5 152 MJ/m^2

**　紫外線比率を6.0 %として，/m^2×0.06=309.12 MJ/m^{2}5,152 MJ/m^2×0.06=309.12 MJ/m^2

***　ランプ紫外線照射量

ただし，人工光源による促進耐候性試験を行う場合は，温度（試料温度，槽内温度），水（シャワー/スプレー，結露）などの他のファクターも影響するため，他のファクターも含めて自然暴露との相関性，促進性，再現性を総合的に判断する必要がある。

3.3.2　促進試験データ

(1)　遮水シートの促進耐候性試験

現存最終処分場からの抜取りサンプルを供試体とし，メタルハライドランプ（メタハラ）式耐候性試験を実施した。試料の種類を**表-3.3.2**にその試験結果を**表-3.3.3**に示す。

表-3.3.3に示すメタハラ試験の結果より，TPOは経時とともに引張特性の低下が認められたが，EPDMについては屋外暴露の時点で初期低下が進んでおり，メタハラ試験による顕著な低下は認められなかった。

表-3.3.2　メタハラ試験試料の種類

種類	経年（年）	サンプル条件	遮水シート厚さ（mm）
岩手 EPDM	35	東向暴露サンプル	1.5
福島 TPO	26	保護マット有，土中埋没サンプル	2.0
群馬 TPO	28	ウレタン発泡保護有，土中埋没サンプル	1.5

表 -3.3.3　メタハラ耐候性試験後の試料の引張強度保持率および伸び保持率

メタハラ照射時間（hr）	福島 TPO		群馬 TPO		岩手 EPDM	
	引張強度（%）	伸び（%）	引張強度（%）	伸び（%）	引張強度（%）	伸び（%）
0	84.4	90.2	90.3	100.6	76.7	26.9
240	70.8	82.3	80.2	102.5	78.6	30.1
480	71.4	82.9	78.6	102.6	82.0	31.0
720	78.0	92.8	69.2	84.4	81.6	29.5
960	79.1	86.8	81.7	93.2	84.2	30.1
1 200	69.4	82.7	64.0	80.7	76.6	26.7
1 440	76.1	94.2	78.9	103.0	85.3	27.4
1 920	65.7	70.5	73.2	92.3	83.7	25.6
2 640	65.6	75.8	68.1	83.9	81.3	23.9
3 360	59.4	63.6	58.5	66.1	81.4	22.6

(2) 保護マットの促進暴露試験

促進暴露試験による保護マットの評価の妥当性について，以下に示す 2 事例のデータを用いて考察した。

1) 事例①

耐久性評価として貫入抵抗が 500N 以下になる場合の耐久年数を算出することから，長繊維不織布を JIS A 1415 に示される条件下（ブラックパネル温度：63 ℃，サイクルタイム：120 分内 18 分降雨）にて 1 000 時間照射後の貫入抵抗変化率を計測した事例を**表 -3.3.4** に示す。

目付量と初期値にバラツキはあるが，目付量により変化率に差がないとした場合，促進暴露 1 000 時間（実暴露約一年相当）後，15 %程度の変化率が想定される。

表 -3.3.4　長繊維不織布の促進暴露試験による目付量別貫入抵抗変化率

SWOM 照射時間		貫入抵抗（N）		1 000 hr 後変化率（%）
		初期値（0hr）	1 000（hr）	
目付量（g/m²）	450	952	801	15.9
	550	950	737	22.4
	578	1 020	876	14.1
	620	1 160	1 010	12.9
	662	1 020	823	19.3
	713	1 010	923	8.6
	769	962	784	18.5
	840	1 590	1 430	10.1
平均		–	–	15.2

2) 事例②

事例①と同様に，一般的に使用されている厚さ10 mmの短繊維不織布，反毛フェルト（日本遮水工協会認定品）をJIS A 1415に示される条件下（ブラックパネル温度：63℃，サイクルタイム：120分内18分降雨）にて1 000時間照射後の貫入抵抗変化率を計測した事例を**表-3.3.5**に示す。

短繊維不織布，反毛フェルトについては，促進暴露試験1 000時間では製品のバラツキの方が大きく規則性を確認できるデータとなっておらず，耐久性を推定することは難しいといえる。

表-3.3.5　短繊維不織布，反毛フェルトの促進暴露試験による別貫入抵抗変化率

項目	目付量（g/m^2）	初期値（N）	1 000 hr照射後（N）	1 000 hr照射後変化率（%）
反・一	2 040	1 240	1 380	− 11.3
反・一	1 200	881	844	4.20
反・一	1 360	788	821	− 4.19
反・一	1 210	795	1 130	− 42.1
反・一	1 590	1 850	1 960	− 5.95
反・一	2 220	2 440	2 580	− 5.74
反・一	1 780	1 690	1 780	− 5.33
反・一	1 362	739	1 007	− 36.3
反・緑	1 600	1 860	1 810	2.69
反・緑	1 810	1 290	1 340	− 3.88
反・緑	1 950	1 900	1 990	− 4.74
反・緑	1 610	1 370	1 170	14.6
反・緑	2 170	2 080	1 870	10.1
短・一	1 150	1 040	895	13.9
短・緑	1 950	1 900	1 990	− 4.74
短・緑	2 000	2 370	2 240	5.49
短・緑	1 850	2 160	1 920	11.1
短・緑	1 850	2 410	2 160	10.4
短・緑基	1 720	1 830	1 850	− 1.09
短・緑基	1 930	1 500	1 460	2.67

注）反・一：反毛フェルトの一般保護マット
　　反・緑：反毛フェルトの緑色遮光性保護マット
　　短・一：短繊維不織布の一般保護マット
　　短・緑：短繊維不織布の緑色遮光性保護マット
　　短・緑基：短繊維不織布の基布入り緑色遮光性保護マット

3.4 屋外暴露試験評価データ

3.4.1 屋外暴露試験法

遮水シートの直接屋外暴露試験，不織布により遮光した遮水シートの直接屋外暴露試験，遮水シートに張力を作用させた状態での屋外暴露試験および不織布により遮光した遮水シートに張力を作用させた状態での屋外暴露試験を行い，それぞれの条件下における遮水シートおよび接合部の耐候性を評価する。実験に使用した各種遮水シートおよび不織布の初期物性を**表-3.4.1** に示す。暴露試料のサイズは長手300 mm × 幅200 mmとした。なお，暴露条件としては南向き45度暴露とした。暴露場所は九州大学旧箱崎キャンパス工学部本館屋上および九州大学伊都キャンパス屋外暴露実験場とした。

表-3.4.1 各種遮水シートおよび不織布の初期物性

種類	色	厚さ（mm）	引張強さ（N/cm^2）	伸び率（%）
HDPE	表面白 裏面黒	1.7	3 500	800
FPA（TPO-PP）	黒	1.5	2 000	800
PVC	黒	1.5	1 600	300
長繊維不織布	灰黒	4.0	580	70

張力を作用させない屋外暴露試験

張力を作用させた屋外暴露試験

図-3.4.1 実験風景（九州大学旧箱崎キャンパス工学部本館屋上）

遮水シートに作用させた張力は，埋立地において，熱応力および埋立張力等によって埋立地遮水シートに実際に作用すると考えられる張力を想定したものである。各種遮水シートに発生する熱応力および廃棄物による残留埋立張力から求められる最大計測張力[24]を参考に設定した張力の一覧を**表-3.4.2** に示す。ここで，PVCに作用する張力は非常に小さく，実験中に重りが外れる等の恐れがあることから，PVCについては，遮水シート表面温度80℃雰囲気下（夏場の炎天下において予測される最大温度）で，クリープ破壊を起こさない限界の値である10 kg/20 cm（予備実験によって計測した値）を採用することとした。FPAについては実験データがなかったため，力学的性質および熱的性質が類似したTPOの実験データを採用することとした。なお，暴露試験サンプルの幅方向の長さは200 mmであることから，下記の計算により暴露試験において使用する重りの重量を設定した。

PVC　10(kgf/200 mm)

FPA　131(kgf/m)＝26.2 (kgf/200 mm)≒ 30(kgf/200 mm)

HDPE466(kgf/m)＝93.2 (kgf/200 mm)≒ 90(kgf/200 mm)

以上により，PVCは10kg，HDPEは90 kg，FPAは30 kgの重りを吊るすことにより張力を作用させることとした。

表-3.4.2　各種遮水シートに作用させた張力の設定値※

シートの種類	熱応力（kgf/m）	残留埋立張力（kgf/m）	設定張力（kgf/m）
PVC	3	7	10
FPA （TPOのデータを参考）	91	40	131
HDPE	359	107	466

＊　参考文献24）等を参考に設定

3.4.2　評価データ

遮水シートの物性値と屋外暴露期間の関係を**図-3.4.2**(PVC)，**図-3.4.3**(FPA）および**図-3.4.4**(HDPE）に示す。

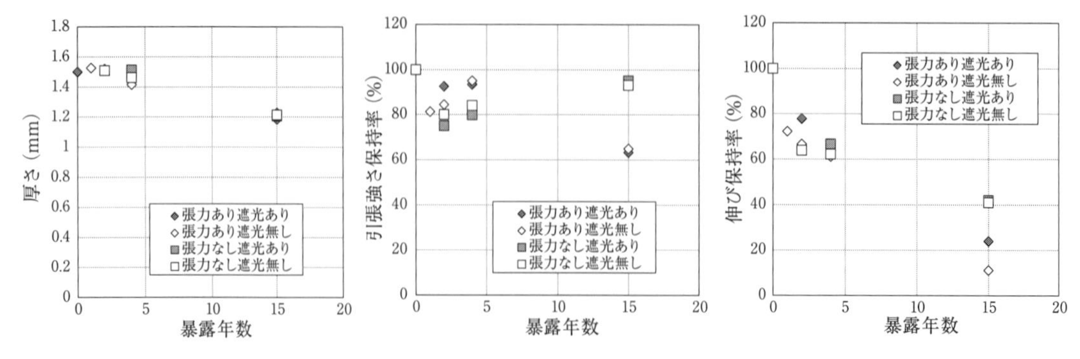

図-3.4.2　PVCシートの物性値と屋外暴露期間の関係

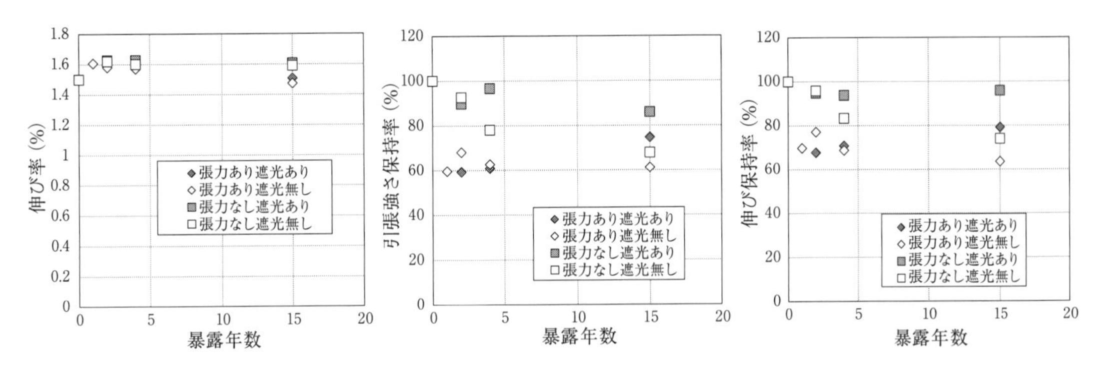

図-3.4.3 FPA シートの物性値と屋外暴露期間の関係

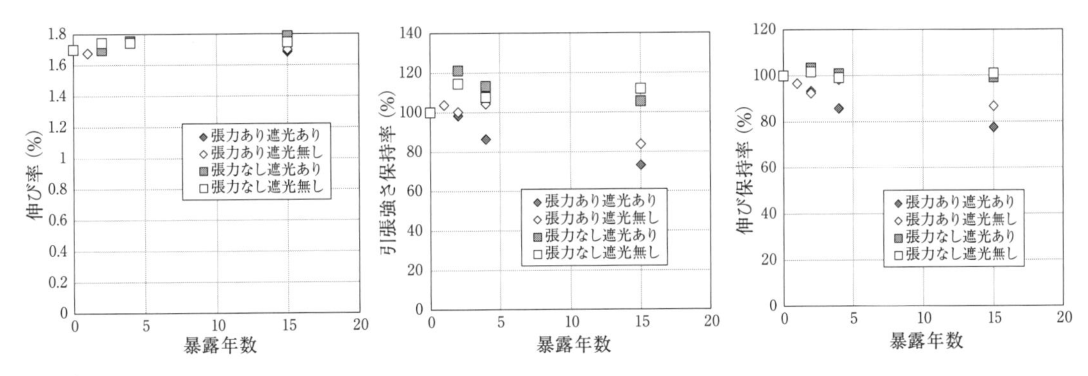

図-3.4.4 HDPE シートの物性値と屋外暴露期間の関係

図-3.4.2 に示す PVC の物性値と屋外暴露期間の関係を見ると，厚さについては暴露条件に関わらず，暴露期間とともに初期の 1.5 mm から徐々に薄くなって行き，15 年経過時には約 1.2 mm まで減少した。引張強さ保持率については，張力を作用させていない試料については，15 年経過時で 93～95 %と初期の引張強さを保持していたが，張力を作用させた試料については，63～65 %の値をとり，張力の有無がシートの引張強さ保持率に大きく影響していた。

次に，**図-3.4.3** に示す FPA の物性値と屋外暴露期間の関係を見ると，厚さについては暴露条件に関わらず，初期の厚さである 1.5 mm から大きく増減していなかった。引張強さ保持率については，張力を作用させていない試料については暴露期間の経過とともに徐々に減少する傾向を示した。15 年経過時点での引張強さ保持率は，遮光有りの試料が 86 %であったのに対し，遮光なしの試料では 68 %となり遮光の有無によって差が生じた。一方，張力を作用させた試料の引張強さ保持率は，15 年経過時において，遮光有りで 75 %，遮光なしで 61 %であった。FPA シートについては，引張強さ，伸び保持率の両者について，張力を作用させていない試料よりも張力を作用させた遮水シートの値の低下が大きく，遮光ありの遮水シートよりも遮光なしの遮水シートの値の低下が顕著であった。

図-3.4.4 に示す HDPE の物性値と屋外暴露期間の関係を見ると，厚さについては暴露期間に関わらず初期の値である 1.7 mm から大きく変動していなかった。引張強さ保持率については，15 年経過時点で，張力を作用させていない試料が 105～112 %であったのに対し，張力を作用させた試料については，73〜84 %と引張強さ保持率の低下が顕著であった。同様に伸び保持率についても，15年経過時点では，張力を作用させていない試料の伸び保持率の値が99〜101 %であったのに対し，張力を作用させた試料の伸び保持率は78〜87 %であり，張力を作用させた試料の値の低下が顕著であった。ただし，遮光の有無については大きな差異は見られなかった。

3.5 耐薬品促進試験法と評価データ

5種類の遮水シート（TPOは2種類，HDPE，PVC，TPUは各1種類）について，耐薬品浸漬試験を3年間実施している。詳細については，「廃棄物処分場における遮水シートの耐久性評価ハンドブック（2009.3）」に詳述されているので参照されたい。

1）耐水性

人工浸出水（各イオン濃度Ca 200 mg/L，Mg 200 mg/L，Na 1 000 mg/L，K 500 mg/L，Cl 3 000 mg/L）を調製し，遮水シートを浸漬評価および人工海水での浸漬試験も合わせて紹介している。

2）耐アルカリ性

飽和水酸化カルシウム水溶液および10 %水酸化ナトリウム水溶液への浸漬試験結果を紹介している。

3）耐酸性

強酸試薬は非常に濃度が高く希薄溶液でないためpHでの議論は単純にはできないが10 %水溶液でもpH 1以下であり非常に過酷な試験である。濃硫酸10 %水溶液，濃硝酸10 %水溶液，濃塩酸10 %水溶液への浸漬試験結果を紹介している。さらに，高濃度の試薬（濃硫酸，濃硝酸，濃塩酸）への浸漬結果も紹介している。

4）耐有機溶剤性

常識的にはありえない条件であるが，有機溶剤（ベンゼン試薬），低粘度試験油（JIS 3号試験油）への浸漬試験結果を紹介している。

3.6 耐ストレスクラッキング試験法（ESCR）

ストレスクラックの発生する材料としてよく知られているのは，ポリエチレンと6ナイロンである。応力などかかっていない状態ではほとんど影響のない液体やその蒸気が，応力などがかかった状態では材料に割れを発生させたり，破壊させたりする現象をストレスクラッキング（環境応力亀裂：Environmental Stress Cracking）と呼ばれている。

ポリエチレンに環境応力亀裂を発生させる薬品としては，各種の界面活性剤やアルコール，エーテル，油類などがあり，環境応力亀裂は薬品に接触してしばらく時間が経過してから発生する。また，一軸応力よりも多軸応力下で発生しやすい。

試験方法としてはASTM D-1693のベント・ストリップ法が広く利用されており，矩形状試験片の中央部に長さ方向と平行にスリットを入れ，U字型に折り曲げ，金具に固定し，薬品を入れた試験管に入れて放置する。試験片10個のうち半分にクラックが発生するまでの時間を計測し寿命とする。**図-3.6.1**に試験装置と評価の様子を示す

耐ストレスクラッキングは，HDPE遮水シートに必須の評価項目となっており，NSF-54では，1 500時間以内に応力亀裂が発生しないことを要求しており，日本遮水工協会の基準はさらに厳しく2 000時間以内に応力亀裂発生なしで規定している。近年，HDPE遮水シートに適用されている材料は，中でも比較的密度の低い側で選択されているため，十分基準を満足しており，耐ストレスクラッキング性に問題はないと考えられている。

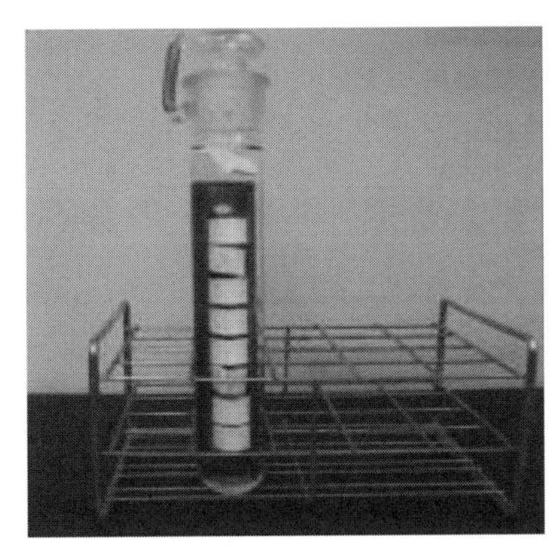

図-3.6.1　耐ストレスクラッキング性の試験状況[25)]

参考文献

1)　全国都市清掃会議：廃棄物最終処分場の計画・設計要領，pp. 218-219，2001
2)　大澤善次郎：合成樹脂の耐候性，機能材料，Vol.3，No6，pp. 10-19，1983
3)　山口哲夫・福田加奈子：高分子材料の安定剤（熱安定剤），日本ゴム協会誌，第68巻，第5号，pp. 318-325，1995
4)　吉川和美：高分子材料の安定化（光安定剤），日本ゴム協会誌，第68巻，第5号，pp. 327-333，1995
5)　車田知之：光安定剤の研究開発の展望，マテリアルライフ，Vol.5，No.4，pp. 96-105，1993
6)　早川淨：高分子材料の寿命とその予測，アイピーシー，pp. 149-153，1989
7)　小池迪夫，田中亨二：合成高分子防水層の耐候性（その6），日本建築学会論文報告集，第289号，pp.1-10, 1980
8)　富板崇：気象因子に基つく高分子材料の劣化因子および耐候性予測マップ，ポリファイル，Vol. 29，No. 344，pp. 43-48，1992
9)　富板崇：発展型アレニウスモデルと環境劣化因子データベースを結合した特性変化シミュレーション手法，マテリアルライフ学会誌，Vol.14，No.3，pp. 134-140，2002
10)　H.Kano，E. Uenoyama：LONG LIFE DURABILITY OF SEVERAL GEOMEBRANES，Proceedings of the 2nd Asian Pacific Landfill Symposium，pp. 317-320，Seoul，2002
11)　長束勇，中島賢二郎：合成ゴムシートの遮水性能，防水ジャーナル，Vol. 21，No.12，pp.56-67, 1990
12)　廃棄物最終処分場技術システム研究会：平成11年度研究報告書（設計グループ），pp.13-23，2000
13)　原田高志，西崎到，今泉繁良，高橋雅人，柏木哲也：10年間程度の実暴露実験による遮水シートの耐久性評価，ジオシンセティックス論文集，第18巻，pp.41-48，2003
14)　原田高志，今泉繁良，西崎到，高橋雅人，柏木哲也：遮水シートの紫外線劣化と10年間の遮光性保護による延命効果の

確認, ジオシンセティックス論文集, 第19巻, pp.113-119, 2004

15) 原田高志, 今泉繁良, 西崎到：室内促進暴露実験と10年間実暴露実験による遮水シートの耐久性評価と遮光性保護による延命効果の確認, 廃棄物学会論文誌, Vol.17, No.2, pp.142-152, 2006

16) 原田高志, 村山典明, 柏木哲也, 今泉繁良：各種遮水シートの促進耐久性評価に関する研究, ジオシンセティックス論文集, 第21巻, pp.277-283, 2006

17) 井上幸一, 島岡隆行, 中山裕文, 小宮哲平：遮水シートの非破壊試験法の開発に関する研究, ジオシンセティックス論文集, 第18巻, pp.55-60, 2003

18) Tarnowski,C. & Baldauf,S.：Ageing resistance of HDPE-geomembrane-evaluation of long-term behavior under consideration of project experiences

19) 清水市郎, 竹本喜昭, 田中亨二：防水材料の耐候性試験方法の検討, マテリアルライフ学会, 耐候性・表面界面シンポジウム予稿集, pp.92-97, 2006.

20) 篠治男：微生物による材料劣化, マテリアルライフ, Vol.10, No.2, pp.59-69, 1998.04

21) 大武義人, 高川慎司：微生物によるゴム, プラスチックおよび金属の劣化, マテリアルライフ, Vol.10, No.2, pp.70-74, 1998

22) 高根由充, 渡辺寧：ISO/TC61/SC6の活動と耐候性評価規格の動向, マテリアルライフ学会誌, Vol.18, No.2, pp.45-49, 2006

23) 国際ジオシンセティックス学会日本支部・遮水シート技術委員会：ごみ埋立地の設計施工ハンドブック - しゃ水工技術 -, オーム社, 2000

24) 平成九年度新エネルギー・産業技術総合開発機構委託, リサイクル技術等実用化支援研究（Ⅱ）成果報告書「廃棄物最終処分場における合成繊維利用技術開発」, p.32, 1997

25) 坪井正行：遮水シートの材料特性とライナーとしての力学的評価に関する研究, 宇都宮大学学位論文, 1999

第４章
現地遮水工の耐久性評価

1977年の共同命令により，遮水工の設置が明示されてから50年近くが経過した。しかし，遮水シートの耐久性に関する定量的な情報は非常に少なく，特に，現場からの情報は皆無といってよい状況であった。

日本支部ジオメンブレン技術委員会では，2009年，廃棄物処分場における遮水シートの耐久性評価ハンドブック」に，実際に遮水シートが施工されて5～27年が経過した現場において遮水シートのサンプルを採取し，引張試験等のデータを基に，遮水シートの耐久性に及ぼす諸要因，劣化のメカニズム等の解明に寄与する情報を得て，遮水シートの耐久性は，少なくとも30年以上あることを報告した。最終処分場は，延命化の方向にあり，遮水シートの耐久性は50年以上が求められてきている。本章では，2009年の調査時から10年以上経過していることより，経年17～35年経過した現場において，遮水シートのサンプルを採取し，解析したデータを報告する。

4.1 現地調査の概要

2009年に行われた現地調査を通じ，現地遮水シート耐久性評価の手順と留意事項について得られた知見を**図-4.1.1**に取りまとめた。

現地遮水シート耐久性評価を行うにあたり，調査対象最終処分場の選定，遮水シート抜取り地点の選定を事前に行っておく必要がある。対象とする最終処分場を選定する上で考慮すべき点として，気温，日射量などの気象条件，敷設されている遮水シートの材質，保護マットの有無などの暴露条件，最終処分場建設後の経過年数，そして施工時に測定された引張試験の値（初期値）の有無などがある。

特に留意すべき点として，最終処分場では，異なる条件で遮水シートが用いられていることである。具体的は，次のようなケースがある。

① 基準省令の改正（1998年）で，遮光性保護マットが途中から施されている。

② 埋立物で遮水シートが埋没している。

③ 同一現場で，遮水シートが一部取替更新されている。

④ 同一現場で複数メーカーの遮水シートが敷設されている。

したがって，現地において抜取るサンプルの材質および時期を誤認識しないよう，事前調査の段階で十分に注意する必要がある。

引張試験初期値については，最終処分場の管理事務所等に保管されていることが多いが，自治体の環境部局が所持していることもある。担当者に問い合わせ，初期値に関する記録の有無を確認する。

調査対象最終処分場の決定後，次の段階として，最終処分場内における遮水シート抜取り地点を選定する。遮水シートの温度変化により遮水シートに熱応力が発生し，これに伴う遮水シートの収縮が劣化に影響することが知られている。このため，遮水シートが敷設されている法面の方角を考慮する必要がある。また，埋立地内の廃棄物からの引き込み力や遮水シート自重による張力の影響を評価する場合には，法面鉛直方向の位置を併せて考慮する必要がある。地点選定作業を行うにあたり，まずは図面や写真等に基づいてあらかじめ候補地点を絞り込み，その上で現地に赴き，管理者の立会いの下で最終的にサンプル抜取り地点を選定することになる。

遮水シートの劣化は，気温，日射量などの地域差によって異なることが考えられる。2009年時は北海道，岩手県，福岡県の一般廃棄物最終処分場および茨城県，京都府の企業実験現場を調査対象として選定した。2019年時は福島県，群馬県の産業廃棄物最終処分場，岩手県，神奈川県，静岡県，兵庫県，島根県，福岡県，佐賀県，鹿児島県の一般廃棄物最終処分場および沖縄県の実証実験池と調査対象は多方面にわたっている。

	1. 事前調査
1)	調査対象最終処分場の選定 ①気象条件（気温，日射量等） ②遮水シートの材質 ③暴露条件（保護マットの有無，土中埋没の有無） ④廃棄物最終処分場建設後の経過年数 ⑤引張試験初期値の有無
2)	遮水シート抜取り地点の選定（図面上および現地での確認） ①法面の方向（東，西，南，北） ②法面鉛直方向の位置（法肩，法尻等）

↓

	2. 抜取りサンプルと補修
1)	抜取り箇所の汚れの除去 サンプル抜取り箇所の汚れを除去する場合には，表面に傷等が付かないよう注意
2)	遮水シートおよび保護マット（保護マットが施されている場合）の抜取り サンプル抜取り箇所の汚れを除去する場合には，表面に傷等が付かないよう注意 抜取り後の試験内容に応じた大きさで抜取り（表面観察，引張試験，非破壊試験等）
3)	補修 ①遮水シート材質に応じた補修方法の選定（接着，融着） ②保護マットが施されている場合には，その補修方法も考慮

↓

	3. 各種試験
1)	表面観察 遮水シート製造時に表面に施されたパターンを劣化と誤認識しないように注意
2)	引張試験 ①初期値と同一条件での引張試験 ②n数は3以上，できれば5が望ましい。
3)	非破壊試験 遮水シート表面に付着した微細な土粒子が可視近赤外分光やFI-IR等の非破壊試験結果の信頼性に大きく影響

図-4.1.1　現地遮水シート耐久性評価における手順と留意事項

4.2 遮水シート抜取りサンプルおよび補修

4.2.1 抜取りサンプル

抜取りサンプルは，正確に縦 50 cm × 横 50 cm の範囲をマーキングした後，カッターナイフにより切り取った。

（一般廃棄物最終処分場，福岡県）

図-4.2.1　抜取り部のマーキング

（一般廃棄物最終処分場，福岡県）

図-4.2.2　抜取り

4.2.2 補修

サンプリングした場所の補修には，遮水シートの材質や劣化状況等を勘案し，接着材による補修か融着による補修のいずれかを選択した。以下に，接着材により補修した EPDM シートの事例，融着により補修した TPO シートの事例を示す。

(1) 接着材による補修（EPDM シートの補修例）

接着部に，専用遮水シート表面処理剤を塗布後，接着材テープで接着し，端部を補強増張テープにより補強した。

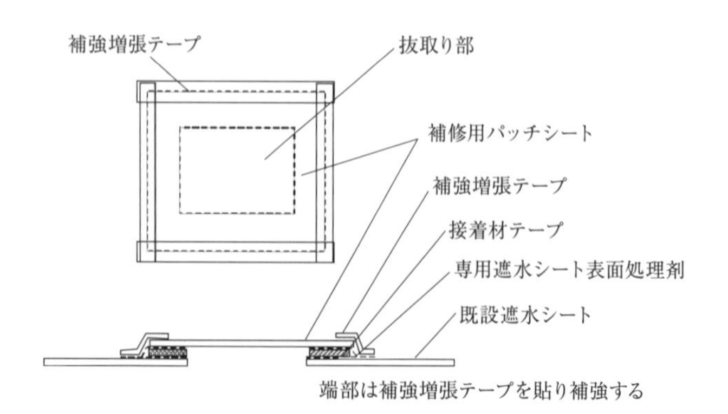

図-4.2.3　接着材による遮水シートの補修例

(2) 融着による補修（TPO シートの補修例）

表面をサンダー掛けした後，切取り部の内側に補修用パッチシートをあて，既設遮水シートの裏面と補修用パッチシートの表面をハンディタイプ熱風融着機により融着した。

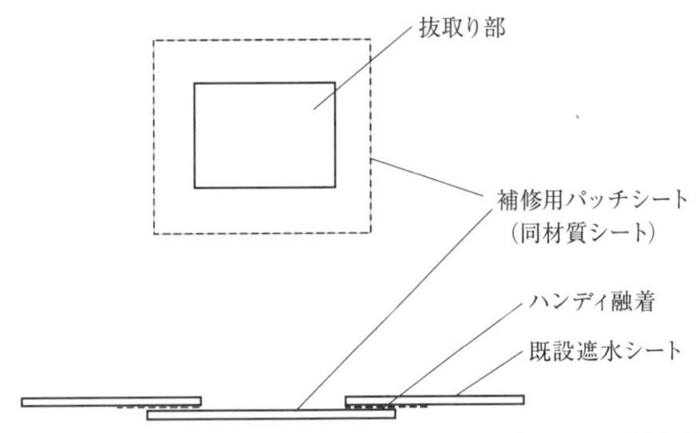

図 -4.2.4　ハンディタイプ熱風融着機による遮水シートの補修例

（茨城県試験池）

図 -4.2.5　接着材による補修例

（一般廃棄物最終処分場，福岡県）

図 -4.2.6　融着による補修例

(3) 補修箇所の検査

補修箇所の検査には，負圧法を用いた。なお，廃棄物最終処分場におけるサンプリングでは，補修箇所の検査は管理者の立会いのもとで行い，正しく補修が行われていることを確認してもらう必要がある。

（一般廃棄物最終処分場，福岡県）

図 -4.2.7　負圧法による補修箇所の検査

（一般廃棄物最終処分場，静岡県）

図 -4.2.8　負圧法による補修箇所の検査

(4) 遮水サンプルの詳細

表 -4.2.1 および**表 -4.2.2** に，採取した遮水シートサンプルのシート種類，方向，暴露条件，経過年数およびサンプル数を示す。**表 -4.2.1** は 2009 年から 2010 年にわたり，8 箇所の採取地（一般廃棄物最終処分場：6 箇所，試験池：1 箇所，模擬処分場：1 箇所）から合計 66 の遮水シートをサンプリングした。**表-4.2.2** は 2019 年から 2020 年にわたり，12 箇所の採取地（一般廃棄物最終処分場：9 箇所，産業廃棄物最終処分場：2 箇所，試験池：1 箇所）から合計 60 の遮水シートをサンプリングした。

表 -4.2.1　遮水シートサンプルの詳細　その①

試料番号	物件		シート材質	メーカー	方向	経年（年）				サンプル数
	所在地	用途				暴露	マット有	水中	廃棄物埋設	
1～6	北海道	一廃	PVC	E 社	南東, 南西, 北西	11				6
7~11	岩手	一廃	HDPE	F 社	南東, 南西, 西南西		8			5
12	岩手	一廃	EPDM	I 社	東	25				1
13~16	茨城	池	TPO	B 社	南, 西, 北, 東	19				4
17~20	茨城	池	TPO	A 社	南, 西, 北, 東	24				4
21	茨城	池	PVC	C 社	南	24				1
22~24	茨城	池	PVC	C 社	西, 北, 東	27				3
25, 26	茨城	池	PVC	C 社	南	18				2
27	茨城	池	PVC	C 社	南	水中		18		1
28, 29	茨城	池	TPO	C 社	南	18				2
30	茨城	池	TPO	C 社	南	水中		18		1
31, 32	茨城	池	TPO	B 社	南	18				2
33	茨城	池	TPO	B 社	南	水中		18		1
34, 35	茨城	池	EPDM	B 社	南	18				2
36	茨城	池	EPDM	B 社	南	水中		18		1
37, 38	茨城	池	EPDM	D 社	東	18				2
39~44	茨城	池	EPDM	D 社	北, 西, 南	18				6
45	京都	試験地	HDPE	H 社	日陰	(12.6)	(表面白色)			1
46, 47	京都	試験地	HDPE	H 社	南, 北	12.6	(表面白色)			2
48~52	静岡	一廃	EPDM	B 社	北西, 東, 南東	11	5			5
53~55	福岡	一廃	TPO	A 社	南	8	3			3
56~61	福岡	一廃	TPO	A 社	西, 南西, 南東, 北東	5				6
62	福岡	一廃	TPO	A 社	室内保管	−				1
63～66	福岡	一廃	EPDM	G 社	東, 西, 南, 北	12	6			4
					合計	43	17	4	0	66

（略称）　一廃：一般廃棄物最終処分場，産廃：産業廃棄物最終処分場
　　　　　池：企業実験池（前回），実証試験池（今回），試験地：企業模擬処分場

表-4.2.2 遮水シートサンプルの詳細 その②

試料番号	物件		シート材質	メーカー	方向	経年（年）				サンプル数
	所在地	用途				暴露	マット有	水中	廃棄物埋設	
67～71	岩手	一廃	HDPE		南東，南西，西北西		18			5
72	岩手	一廃	EPDM		東	35				1
73，74	福島	産廃	TPO	A社	南				26	2
75，76	群馬	産廃	TPO	A社	南				28	2
77，78	神奈川	一廃	TPO-PP	I社	南，西		17			2
79～81	静岡	一廃	EPDM	B社	北西，東，南東	11	18			3
82～85	島根	一廃	HDPE	H社	東，北東，北西，南西，西	(表面白色)	20			5
87	島根	一廃	HDPE	H社	底盤	(表面白色)	20			1
88，91	福岡	一廃	TPO	A社	北東，南東	7			14	2
89，93	福岡	一廃	TPO	A社	北東，南西		21			2
90，92，94	福岡	一廃	TPO	A社	北東，南東，南西	21				3
95～99	佐賀	一廃	TPO	A社	北，北東，東，南，西	21				5
100	佐賀	一廃	TPO	A社	南	6			15	1
101，103，105	鹿児島	一廃	TPO	B社	北東，東，南東	20				3
102，104	鹿児島	一廃	TPO	B社	北東，東	6	14			2
106	鹿児島	一廃	TPO	B社	南東	8	12			1
107～110	沖縄	池	EPDM	D社	南，北	24				4
111～114	沖縄	池	EPDM	B社	南，西，北，東	喫水		24		4
115～118	沖縄	池	EPDM	B社	南，西，北，東	水中		24		4
119～121	沖縄	池	EPDM	B社	底盤	水中		24		3
122～126	兵庫	一廃	HDPE	B社	西，北，東，南		20			5
					合計	16	26	11	7	60

（略称）
一廃：一般廃棄物最終処分場，産廃：産業廃棄物最終処分場
池：企業実験池（前回），実証試験池（今回），試験地：企業模擬処分場

サンプル抜取りにあたり，まず抜取り部分の表面に付着している汚れを除去する。汚れが残っていると補修時にパッチシートと既設遮水シートとの所定接合強度が確保できない恐れがあるためである。しかし，汚れ除去の際に硬質のたわし等を用いると，遮水シート表面に微細な傷が入ることがあり，顕微鏡による表面観察等を行う際にはこのときに付いた傷を遮水シートの劣化と誤認識する可能性がある。

抜取るサンプルの大きさは，その後に実施する試験の内容によって決定される。本章では，引張試験を主体に実施した。引張試験では，1つサンプルにつき，長手方向，幅方向にそれぞれ3つのダンベル試験片を抜取って試験を行った。この場合，縦 25 cm × 横 25 cm 程度の大きさが必要であった。

なお，2009 年時は，顕微鏡による表面観察，引張試験，可視近赤外分光法による非破壊試験を

実施した。顕微鏡による表面観察では，縦 10 cm × 横 10 cm の大きさに抜取ったものを用いた。これは，可視近赤外分光試験においても共用した。また，その他の試験として，カップ法などによる透水試験，FT-IR による表面分析などが考えられる。以上の試験に必要なサンプルの大きさを合計すると，5 cm 程度のマージンも含めると縦 50 cm × 横 50 cm 程度となる。

留意点として，サンプル抜取りの際にはカッターナイフ等を用いることになるが，この際に遮水シートの背面にある保護マットまで切ってしまわないよう十分注意する必要がある。また，補修後は，現地の最終処分場管理者の立会いのもとで補修箇所の検査を行い，正しく補修が行われていることを確認してもらう必要がある。

4.3 耐久性評価方法

4.3.1 遮水シート

図 -4.3.1 に遮水シート耐久性評価の方法について示す。各種試験で特に留意すべき点をあげると，顕微鏡による表面観察，可視近赤外分光，FT-IR 等の表面分析を実施する場合，サンプル表面に付着した土粒子などが，試験結果の信頼性に大きく影響するため，これを十分に取り除いてから試験を実施する必要がある。また，顕微鏡による表面観察では，遮水シート製造時に施されたシボ模様などのパターンを表面の劣化と誤認識しないよう，遮水シートの仕様を確認しておくことが重要である。

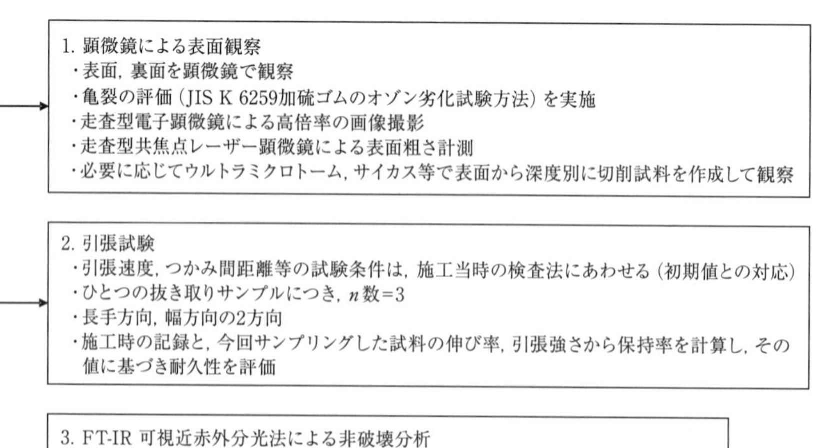

図 -4.3.1　本調査における遮水シート耐久性の評価方法

(1) 表面観察による劣化状況の評価

遮水シート表面の劣化状況を観察するため，光学顕微鏡により遮水シートサンプルの表面と裏面の拡大写真を撮影した。ここでは，調査した遮水シートサンプルのうち，特徴的な遮水シート表面の拡大写真を紹介する。なお，亀裂の評価については，**表-4.3.1** に示すJIS K 6259 加硫ゴムのオゾン劣化試験方法による亀裂の評価基準を参考にすることができる。なお，顕微鏡による表面観察では，遮水シート製造時に施されたシボ模様などのパターンを表面の劣化と誤認識しないよう，遮水シートの仕様を確認しておくことが重要である。

表-4.3.1　亀裂の評価基準（JIS K 6259 加硫ゴムのオゾン劣化試験方法）

亀裂の数およびランク付け	亀裂の大きさ，深さおよびランク付け
A　：　亀裂少数 B　：　亀裂多数 C　：　亀裂無数	1．肉眼では見えないが 10 倍の拡大鏡では確認できるもの 2．肉眼で確認できるもの 3．亀裂が深くて比較的大きいもの（1 mm 未満） 4．亀裂が深くて大きいもの（1 mm 以上 3 mm 未満） 5．3 mm 以上の亀裂または切断を起こしそうなもの

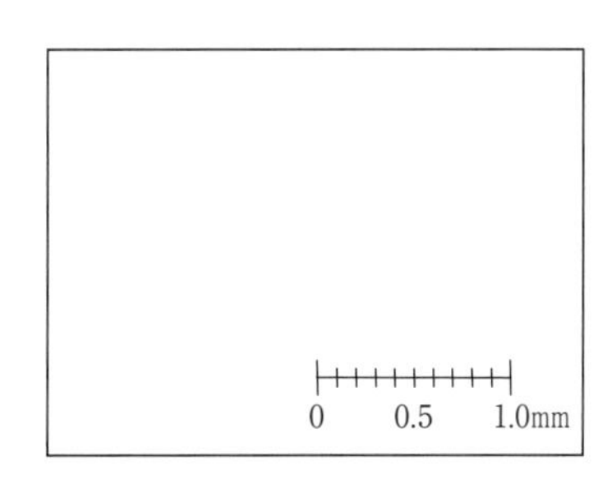

図-4.3.2　顕微鏡による拡大写真の縮尺

(2) 引張試験

採取したサンプルについて，以下の要領で引張試験を行った。

・試験条件（引張速度，つかみ間距離）：原則として納入時の検査方法に合わせる。

・n 数＝ 3

・引張方向：長手方向，幅方向の 2 方向

(3) 表面からの深度別切削試料の作成

1) ウルトラミクロトームを利用する方法

高分子材料を数マイクロメートル単位で切削する場合，サンプルを－ 20 ℃程度で凍結させた後に切削する装置を用いることが有効である。ここではLeica 製のクライオスタットとウルトラミクロトームを使用している。試料の作製の流れを**図-4.3.3** に，ミクロトームナイフによる切削のイメージを**図-4.3.4** に示す。表面から $X\mu$m 切削した後，その面が露出した試料をFT-IR 等の各種試験にかけることで，深度別の劣化評価が可能となる。

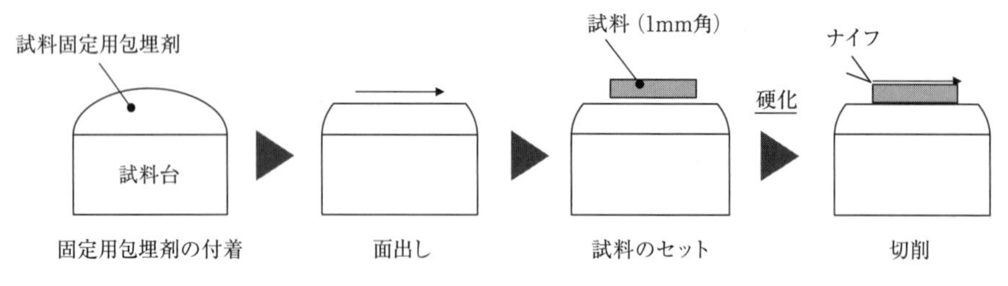

図-4.3.3 切削用試料作製の流れ

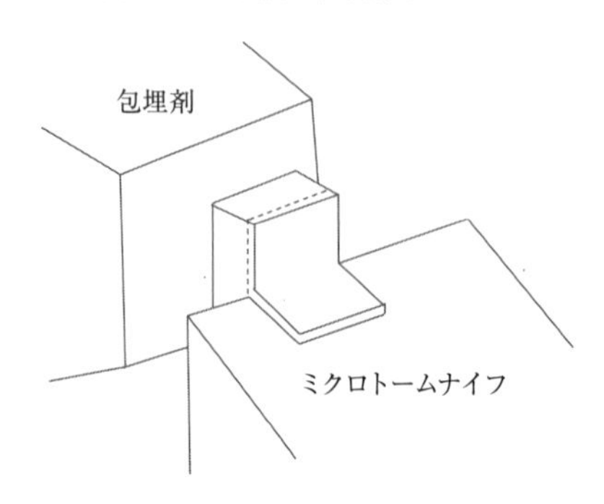

図-4.3.4 ミクロトームナイフによる切削のイメージ

2) サイカスを利用する方法[1)]

SAICAS（Surface And Interfacial Cutting Analysis System）法の原理は，試料の表面に対して水平方向と垂直方向の2軸運動する切刃により試料を切削していく。そして，切削の際に切刃にかかる力を水平力検知器にて水平力（FH），垂直力検知器を用いて垂直力（d）を測定するための垂直変位計などから構成されている。

SAICAS法によれば，次に示す分析が可能である。

・積層構造体の各界面の接着力評価

・せん断強度（コーティング材の強度を数値化）

・膜厚（コーティング材の厚さ測定）

・強度の深さ方向解析（材料変質の深さ測定）

・強度の段階的深さ方向解析（材料変質の深さ測定）

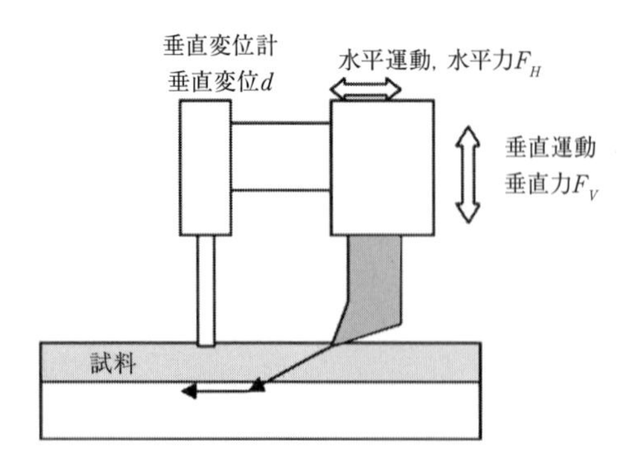

図-4.3.5 SAICAS法の機構

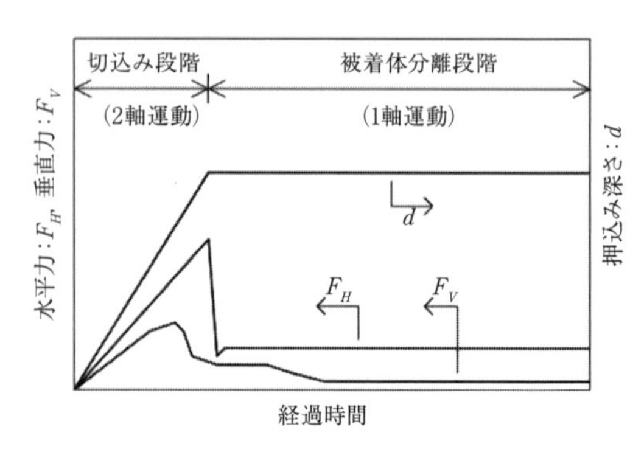

図-4.3.6 SAICAS測定パターン例

(4) フーリエ変換赤外分光法（Fourier Transform Infrared Spectroscopy：FT-IR），可視近赤外分光法（Visible Near Infrared Spectroscopy：VNIR）などによる非破壊分析

分子の振動および回転状態は，赤外領域の電磁波を吸収することによって励起されるので，これを利用して赤外（IR）スペクトルにおける吸収から分子の振動および回転に関する情報を得ることができる。一般にFT-IRは7 000〜400 cm^{-1}の範囲を測定できるものが多い。付属装置としてATR（全反射測定装置），RAS（高感度反射測定装置），拡散反射測定装置，顕微赤外測定装置などがある。真空対応仕様のFT-IRを用いることで，短時間で炭酸ガスや水蒸気を除去することが可能であり，より精度の高い分析を行うことができる。

可視近赤外分光法の適用性を検討するため，各遮水シートサンプルの可視近赤外分光反射スペクトル（波長領域400〜2 500 nm）を可視近赤外分光光度計として，例えばField Spec Pro JR（ASD社）が利用できる。測定方法としては，光源内蔵型コンタクトプローブを測定する遮水シートに垂直に押し当て，専用パソコンで操作しなら測定を行う。各遮水シートから10 cm四方を切り出し，表面5箇所，裏面5箇所程度を測定して平均値を求める。この際，遮水シートに付着した微小な土粒子等による遮水シートの汚れが反射率に与える影響を抑えるため，汚れは可能なかぎり取り除くことが重要である。

4.3.2 保護マット

(1) 単位面積質量（目付量）

単位面積質量の試験は，JIS L 1908:2000に準ずるものとする。1 mmまで測定できる測長器（スケール）および試験片の質量に対して0.1 %の精度で測定できる質量計により測定し，試験時の温度（℃）および相対湿度（%）を記録する。

① 試験片の大きさは，原則として100 cm^{2}とする。ただし，ジオグリッドおよびジオネットについては，原則として1 m^{2}とするが，1 m^{2}の大きさに採取することが困難な場合にはできるだけ1 m^{2}に近い大きさとする。

② 試験片10個を標準状態とし，標準状態の質量に対して0.1 %の精度でそれぞれ測定する。

③ 測定値の平均値を算出し，1m^{2}当たりの質量に換算してJIS Z 8401によって有効数字3桁に丸める。

(2) 引張試験

JIS L 1908:2000「ジオテキスタイル試験方法」に準ずるものとし，引張強さおよび伸び率を測定する。

① 試験片の状態は，標準状態にした試験片を用いる。

② 試験片の幅は，織物，編物および不織布は，5 cmとする。ジオグリッドおよびジオネットは，20 cm以上とする。なお，織物は，幅の両側から大体同数の糸を取り除いて5 cmまたは20 cmとする。

③ 試験片の数は，試料の縦方向および横方向から各5枚以上とする。

④ つかみ間隔は，原則として10 cmとする。ただし，ジオグリッドおよびジオネットは，

20 cm 以上とし，少なくとも3個の結節点と2個のリブを含むものとする。

⑤　引張速度は，つかみ間隔の（20 ± 5）% /min とする。

⑥　引張強さは，引張抵抗力（荷重）の最大値を測定する。次に，試験片の縦方向および横方向の引張抵抗力（荷重）の最大値の平均値をそれぞれ算出し，JIS Z 8401 によって有効数字3桁に丸める。ただし，つかみから 1cm 以内で切れたもの，または異常に切れたものは除く。

⑦　伸び率は，各試験片の切断時の伸びから伸び率を算出し，さらに試料の縦方向および横方向についてそれぞれ平均値を算出し，JIS Z 8401 によって有効数字3桁に丸める。ただし。つかみから 1cm 以内で切れたもの，または異常に切れたものは除く。

(3) 貫入抵抗

ASTM D 4833「ジオテキスタイル，ジオメンブレンおよびそれらに関連する製品の貫入抵抗性試験方法」(Standard Test Method for Index Puncture Resistance on Geotextiles, Geomembrane and Related Products）を準用し，貫入抵抗値（N）を測定する。

測定温度 20 ± 2℃，相対湿度 65 ± 5 %，貫入棒形状外径 ϕ 8 mm × 長さ 50 mm（貫入棒の先端周囲面取り）とする。

4.4　遮水工材料の耐久性に関する試験結果と評価

4.4.1　遮水シート

(1) 顕微鏡による表面観察

サンプリングした遮水シートを 10 倍の拡大写真により，遮水シート表層の亀裂を観察している。

1）PVC・北海道・11 年経過（保護マットなし）

図-4.4.1 は，北海道の一般廃棄物最終処分場から採取した PVC シートサンプルである。このサンプルの施工後の経過期間は 11 年，暴露条件は直接暴露である。表面状況を観察すると，北西向サンプルには亀裂は見られないが，南東向のサンプルには亀裂が認められる。南東向きのサンプルの亀裂は，JIS K 6259 の基準では「C1」と判定された。

北西向

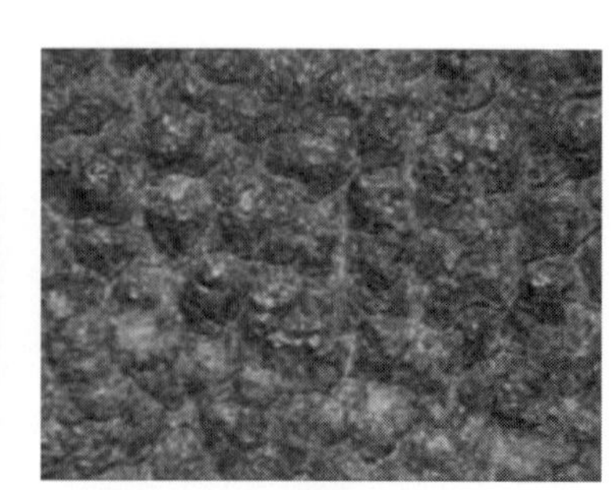
南東向

図-4.4.1　PVC・北海道・11 年経過（保護マットなし）

2）TPO 福岡・5 年経過（保護マットなし）

図-4.4.2 は，福岡市の一般廃棄物最終処分場から採取した遮水シートサンプルである。施工後 5 年が経過しているものであり，暴露条件は保護マットがない直接暴露である。遮水シート表面に 0.3 mm 前後の凹凸が見られるが，これは製造時に施されたパターンである。ここで採取したサンプルに表層亀裂は見られなかった。

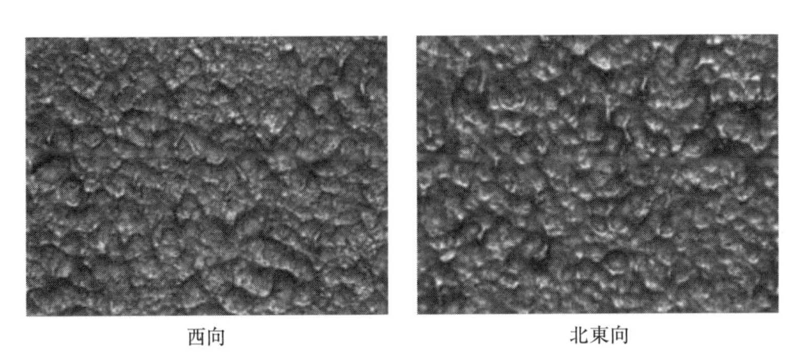

西向　　　北東向

図-4.4.2　TPO・福岡・5 年経過（保護マットなし）

3）EPDM・静岡・16 年経過（保護マットなし 11 年，保護マットあり 5 年）

図-4.4.3 は，静岡県の一般廃棄物最終処分場から採取した EPDM シートサンプルである。このサンプルの施工後の経過期間は 16 年である。暴露条件として，施工時から 11 年間は直接暴露であったが，その後遮水シートの上に保護マットが施工され，5 年が経過したものである。拡大写真をみると，不規則に施されたパターンを確認できる。北西向，東向の遮水シート表面のパターンの様子が多少異なっているようにみえるが，これが表層部の劣化によるものかどうかは判断することはできなかった。

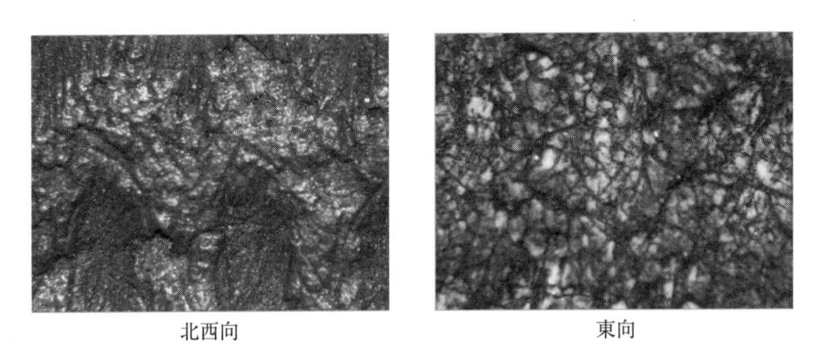

北西向　　　東向

図-4.4.3　EPDM・静岡・16 年経過（保護マットなし 11 年，保護マットあり 5 年）

4）TPO・鹿児島・20 年経過（保護マットなし）

図-4.4.4 は，鹿児島県内の一般廃棄物最終処分場からサンプリングした TPO シートについて，ウルトラミクロトームを用いて表面から 5，10，15，20，30 μm の深さの面が露出するよう水平に切削したサンプルについて，走査型電子顕微鏡（SEM）を用いて総合倍率 100 倍で撮影した画像である。表面および表面から5 μm の深さでは無数の亀裂が観察されるが，表面から深くなるにつれ徐々に亀裂が減少している。深さ 20 μm では南東向き遮水シートにのみ亀裂が見られ，30 μm ではすべての向きの遮水シートにおいて亀裂がなくなっている。

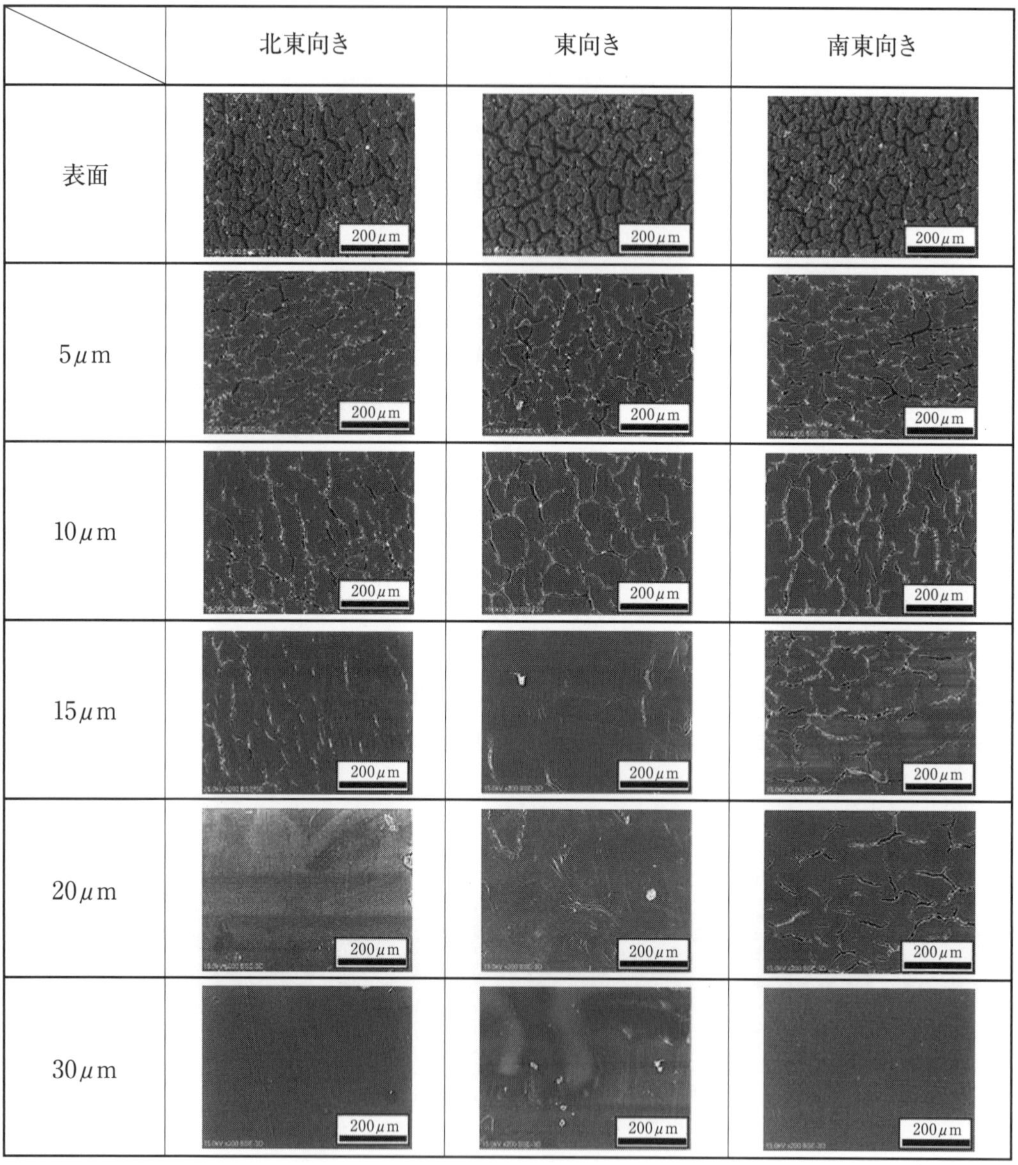

	北東向き	東向き	南東向き
表面	200 μm	200 μm	200 μm
5 μm	200 μm	200 μm	200 μm
10 μm	200 μm	200 μm	200 μm
15 μm	200 μm	200 μm	200 μm
20 μm	200 μm	200 μm	200 μm
30 μm	200 μm	200 μm	200 μm

図-4.4.4　TPO・鹿児島・20年経過（保護マットなし）

(2) FT-IR による遮水シート深度方向の劣化評価

供用開始後 26 年（福島），28 年（群馬）が経過した TPO シートを採取し，そのサンプルをさらにメタルウェザーKW-R5TP-A を用いて促進劣化させた試料を作成した。ここでは，促進時間 480 h では屋外暴露 10 年，960 h では 20 年，1 440 h では 30 年，1 920 h では 40 年に相当するものとした。また，遮水シートの表面からミクロンオーダーで切削できるサイカスを用いて，切削深さ10 μm ごとに7層分切削し，各層ごとの切片を採取した。

ここで，高分子材料は紫外線や熱により表面が酸化され，分子切断が生じると同時にカルボニル基（<C=O）が発生する。その後，材料内部に空気中の酸素が徐々に拡散し，紫外線や熱により樹脂が酸化されて分子切断とカルボニル基の発生が進む。そこで，FT-IR（全反射法）を用いて測定試料の赤外吸収スペクトルを測定し，1 720 cm^{-1} に現れるカルボニル基に由来する赤外吸収ピークを 1 470 cm^{-1} 付近に現れるメチレン基（$-CH_2-$）に由来する赤外吸収ピークで除したものを次式(4.1) に示すカルボニルインデックス（CI）として計算した。CI を用いて，酸化劣化の進行度合いを数値化して評価することができる。赤外吸収スペクトルの一例を**図-4.4.5** に示す。

$$\text{カルボニルインデックス CI}(-) = \frac{\text{カルボニル基}(1\,470\ \mathrm{cm}^{-1})\text{の吸収ピーク高さ}(-)}{\text{メチレン基}(1\,470\ \mathrm{cm}^{-1})\text{の吸収ピーク高さ}(-)} \tag{4.1}$$

図-4.4.6 に福島（26 年経過），群馬（28 年経過）の遮水シートをさらに促進劣化させた試料を用い，FT-IR により表面からの深度別に赤外吸収スペクトルを計測し，CI を算出した結果を示す。現場で採取した遮水シート（促進暴露 0 年）のデータを見ると，表面から 0〜20 μm の深さにおいて CI が大きい値を示しているが，30 μm より深い部分では CI は上昇していないことがわかる。10〜40 年相当の促進劣化をさせた遮水シートの CI の値を見ると，促進劣化時間が長くなるにつれ，0〜20 μm の範囲では CI が大きくなっているが，30 μm より深い位置では CI はほとんど変化しておらず，酸化劣化が進んでいなかった。

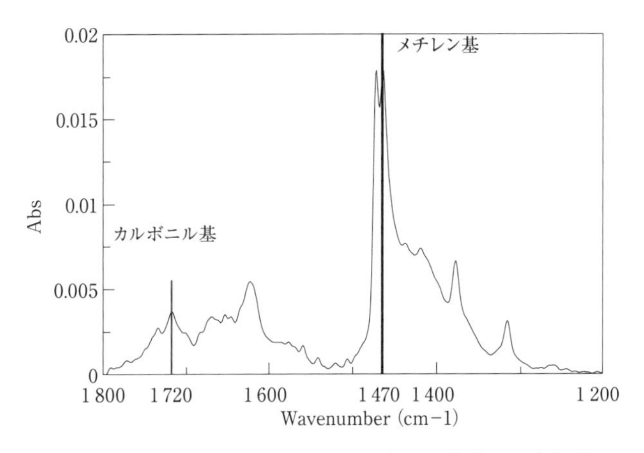

図-4.4.5 赤外吸収スペクトルの一例（TPO，福島，26 年経過）

(3) 引張試験結果による遮水シート耐久性の評価

サンプリング遮水シート（TPO，EPDM，HDPE）の引張特性について評価している。内訳は，TPO（6 地区 25 サンプル），EPDM（3 地区 19 サンプル），HDPE（3 地区 16 サンプル）である。

評価については，①長期屋外暴露，②保護マット有，③土中埋没および④水中浸漬における引張特性の結果を対象としている。

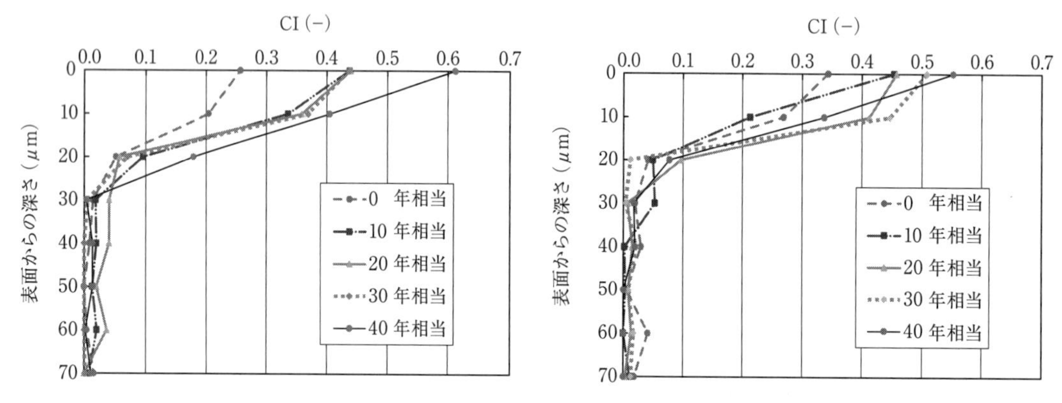

図-4.4.6　遮水シート表面からの深度別にみたカルボニルインデックスCI（左：福島，右：群馬）

表-4.4.1　遮水シートサンプルの引張試験結果（2009年時）（その1）

資料番号	所在地	シート材質	メーカー	方面（向き）	保護マットの有無	経過年数	厚さ変化率*（%）		伸び保持率（%）		引張強さ保持率（%）	
							長手	幅	長手	幅	長手	幅
1	北海道	PVC	E社	南東	なし	11	-6.0	-6.0	81.7	87.4	99.4	85.7
2	北海道	PVC	E社	南東	なし	11	-15.0	-12.0	66.7	73.1	94.1	73.6
3	北海道	PVC	E社	南西	なし	11	-12.0	-15.0	76.2	81.7	107.1	98.8
4	北海道	PVC	E社	北西	なし	11	-7.0	-7.0	85.0	89.8	103.5	105.6
5	北海道	PVC	E社	北西	なし	11	5.0	5.0	81.7	87.4	95.5	89.7
6	北海道	PVC	E社	南西	なし	11	-12.0	-9.0	79.3	83.3	110.8	95.0
7	岩手	HDPE	F社	南東	有り	8	4.7	6.0	87.6	102.7	65.9	83.6
8	岩手	HDPE	F社	南東	有り	8	4.0	6.7	100.2	98.8	84.7	77.3
9	岩手	HDPE	F社	南西	有り	8	13.3	9.3	102.4	101.2	85.8	88.0
10	岩手	HDPE	F社	南西	有り	8	13.3	9.3	104.0	105.8	83.7	89.7
11	岩手	HDPE	F社	西南西	有り	8	4.0	2.7	83.4	104.5	56.2	79.8
12	岩手	EPDM	I社	東	なし	25	-13.3	-10.0	36.7	40.6	102.4	98.2
13	茨城	TPO	B社	南	なし	19	13.0	13.0	9.2	10.0	87.9	89.2
14	茨城	TPO	B社	西	なし	19	16.0	18.0	13.7	16.2	84.3	84.4
15	茨城	TPO	B社	北	なし	19	2.0	4.0	133.7	25.3	101.5	101.2
16	茨城	TPO	B社	東	なし	19	27.0	27.0	105.8	47.2	89.5	89.5
17	茨城	TPO	A社	南	なし	24	-8.0	-8.0	20.0	14.2	52.3	48.3
18	茨城	TPO	A社	西	なし	24	-13.0	-12.0	18.8	14.9	51.6	49.6
19	茨城	TPO	A社	北	なし	24	-5.0	-4.0	63.8	62.7	69.1	68.6
20	茨城	TPO	A社	東	なし	24	-11.0	-10.0	45.6	29.6	60.4	55.3
21	茨城	PVC	C社	南	なし	27	-46.0	-47.0	5.6	4.3	212.8	187.9
22	茨城	PVC	C社	西	なし	27	-39.0	-38.0	6.6	4.3	209.3	192.3
23	茨城	PVC	C社	北	なし	27	-23.0	-27.0	15.4	12.1	150.0	164.7
24	茨城	PVC	C社	東	なし	27	-31.0	-30.0	12.1	12.1	158.6	160.4

表-4.4.1　遮水シートサンプルの引張試験結果（2009年時）（その2）

資料番号	所在地	シート材質	メーカー	方面（向き）	保護マットの有無	経過年数	厚さ変化率*（%）		伸び保持率（%）		引張強さ保持率（%）	
							長手	幅	長手	幅	長手	幅
25	茨城	PVC	C社	南	なし	18	-42.0	-43.0	23.0	9.8	153.8	145.4
26	茨城	PVC	C社	南	なし	18	-44.0	-45.0	7.5	6.6	176.0	156.9
27	茨城	PVC	C社	南	なし（水中）	18	-6.0	-9.0	42.6	45.9	102.9	84.6
28	茨城	TPO	C社	南	なし	18	-4.0	-2.0	80.1	88.2	56.1	83.8
29	茨城	TPO	C社	南	なし	18	-8.0	-3.0	34.6	68.7	72.2	74.5
30	茨城	TPO	C社	南	なし（水中）	18	1.0	3.0	75.6	87.7	86.5	83.7
31	茨城	TPO	B社	南	なし	18	-2.0	-3.0	92.7	104.0	88.1	30.5
32	茨城	TPO	B社	南	なし	18	-6.0	-5.0	93.2	25.1	88.8	89.0
33	茨城	TPO	B社	南	なし（水中）	18	1.0	0.0	94.5	104.3	87.4	82.0
34	茨城	EPDM	B社	南	なし	18	-15.0	-14.0	47.3	48.0	93.1	88.5
35	茨城	EPDM	B社	南	なし	18	-9.0	-14.0	47.1	51.1	83.6	83.6
36	茨城	EPDM	B社	南	なし（水中）	18	-8.0	-7.0	69.3	67.9	99.0	88.0
37	茨城	EPDM	D社	東	なし	18	-16.0	-16.0	52.7	53.3	104.2	94.7
38	茨城	EPDM	D社	東	なし	18	-7.0	-8.0	47.9	51.9	101.2	98.8
39	茨城	EPDM	D社	北	なし	18	-16.0	-14.0	44.8	45.4	97.1	85.8
40	茨城	EPDM	D社	北	なし	18	-13.0	-14.0	53.3	53.3	103.9	96.0
41	茨城	EPDM	D社	西	なし	18	-14.0	-13.0	40.0	33.5	90.9	83.0
42	茨城	EPDM	D社	西	なし	18	-15.0	-13.0	41.4	33.5	85.3	80.3
43	茨城	EPDM	D社	南	なし	18	-10.0	-12.0	33.5	32.9	84.6	81.6
44	茨城	EPDM	D社	南	なし	18	-10.0	-11.0	42.8	46.7	88.2	83.4
45	京都	HDPE	H社	—	なし （表面白色,日陰部で保管）	12.6	19.3	20.0	93.7	98.7	92.1	94.7
46	京都	HDPE	H社	南	なし（表面白色）	12.6	12.0	13.3	98.0	85.4	94.4	78.2
47	京都	HDPE	H社	北	なし（表面白色）	12.6	16.0	11.3	92.7	96.3	88.6	94.4
48	静岡	EPDM	B社	北西	なし（11年）有り（5年）	16	-5.0	-7.0	67.5	68.2	88.9	92.8
49	静岡	EPDM	B社	北西	なし（11年）有り（5年）	16	-10.0	-10.0	65.1	69.6	85.6	94.1
50	静岡	EPDM	B社	東	なし（11年）有り（5年）	16	-6.0	-7.0	50.3	52.9	78.9	82.5
51	静岡	EPDM	B社	東	なし（11年）有り（5年）	16	-15.0	-13.0	56.6	62.7	74.6	85.5
52	静岡	EPDM	B社	南東	なし（11年）有り（5年）	16	-7.0	-8.0	46.7	50.6	76.5	87.6
53	福岡	TPO	A社	南	なし（8年）有り（3年）	11	-1.0	-2.0	93.2	88.1	76.0	79.0
54	福岡	TPO	A社	南	なし（8年）有り（3年）	11	-1.0	-3.0	95.2	87.3	81.3	78.3
55	福岡	TPO	A社	南	なし（8年）有り（3年）	11	0.0	-2.0	90.3	87.3	82.6	86.3
56	福岡	TPO	A社	西	なし	5	2.0	0.0	94.5	92.7	91.6	93.6
57	福岡	TPO	A社	西	なし	5	1.0	0.0	93.6	91.8	91.4	93.5
58	福岡	TPO	A社	南西	なし	5	1.0	3.0	98.1	91.2	93.8	92.3
59	福岡	TPO	A社	南西	なし	5	-1.0	-2.0	93.0	89.3	93.0	91.5
60	福岡	TPO	A社	南東	なし	5	7.0	5.0	91.5	89.8	94.6	93.8

表-4.4.1　遮水シートサンプルの引張試験結果（2009年時）（その3）

資料番号	所在地	シート材質	メーカー	方面（向き）	保護マットの有無	経過年数	厚さ変化率*（%）		伸び保持率（%）		引張強さ保持率（%）	
							長手	幅	長手	幅	長手	幅
61	福岡	TPO	A社	北東	なし	5	5.0	5.0	93.6	90.8	96.3	96.3
62	福岡	TPO	A社	-	なし（室内保管）	5	7.0	6.0	107.5	110.8	93.5	116.7
63	福岡	EPDM	G社	東	なし（12年）有り（6年）	18	-4.7	-10.0	60.6	48.0	69.4	86.0
64	福岡	EPDM	G社	西	なし（12年）有り（6年）	18	-3.3	-4.0	54.5	53.7	85.7	85.5
65	福岡	EPDM	G社	南	なし（12年）有り（6年）	18	-10.0	-12.7	43.5	45.5	78.1	79.8
66	福岡	EPDM	G社	北	なし（12年）有り（6年）	18	-1.3	-0.7	56.5	57.8	90.8	93.1

＊　遮水シート厚さの初期値は，実測値ではなく代表値を用いた。

表-4.4.2　遮水シートサンプルの引張試験結果（2019年時）（その1）

資料番号	所在地	シート材質	メーカー	方面（向き）	保護マットの有無	経過年数	厚さ変化率*（%）		伸び保持率（%）		引張強さ保持率（%）	
							長手	幅	長手	幅	長手	幅
67	岩手	HDPE	B社	南東	有り	18	-4.5	-4.5	112.1	115.0	94.1	97.4
68	岩手	HDPE	B社	南東	有り	18	-4.5	-4.5	107.0	112.3	83.2	90.9
69	岩手	HDPE	B社	南西	有り	18	-0.6	-0.6	108.9	108.1	98.9	101.9
70	岩手	HDPE	B社	南西	有り	18	-1.3	-1.3	109.9	107.8	104.7	103.4
71	岩手	HDPE	B社	西北西	有り	18	2.6	2.6	112.0	114.6	101.8	106.3
72	岩手	EPDM	B社	東	なし	35	-9.9	-9.9	26.9	25.0	74.0	71.2
73	福島	HDPE	I社	南	有り（土中）	26	-1.0	-0.5	91.7	98.6	94.4	93.5
74	福島	HDPE	I社	南	有り（土中）	26	-1.0	-2.0	79.2	98.6	90.2	98.4
75	群馬	HDPE	A社	南	有り（土中）	28	-2.5	-2.5	95.5	98.6	94.8	90.2
76	群馬	HDPE	A社	南	有り（土中）	28	-2.5	-1.9	107.6	94.2	103.9	105.8
77	神奈川	TPO-PP	H社	南	有り	17	0.0	0.0	88.9	80.5	84.8	106.5
78	神奈川	TPO-PP	H社	西	有り	17	0.0	0.0	98.3	87.4	93.8	112.6
79	静岡	EPDM	B社	北西	なし（11年）有り（18年）	29	-8.7	-8.7	67.5	68.6	89.4	92.3
80	静岡	EPDM	B社	東	なし（11年）有り（18年）	29	-6.0	-6.0	52.7	52.4	83.5	89.0
81	静岡	EPDM	B社	南東	なし（11年）有り（18年）	29	-8.0	-8.0	55.8	55.5	83.5	85.2
82	島根	HDPE	H社	東	有り（表面白色）	20	0.0	-	112.8	-	128.0	-
83	島根	HDPE	H社	北東	有り（表面白色）	20	4.7	-	100.0	-	100.7	-
84	島根	HDPE	H社	北西	有り（表面白色）	20	2.3	-	108.9	-	124.1	-
85	島根	HDPE	H社	南西	有り（表面白色）	20	3.5	-	107.3	-	122.1	-
86	島根	HDPE	H社	西	有り（表面白色）	20	4.1	-	113.8	-	136.9	-
87	島根	HDPE	H社	底盤	有り（表面白色）	20	7.6	-	126.9	-	152.4	-
88	福岡	TPO	A社	北東	なし（暴露7年⇒埋没14年）	21	-5.6	-6.2	87.0	80.8	108.6	88.1
89	福岡	TPO	A社	北東	有り	21	1.2	0.0	101.0	94.8	120.5	90.2

表-4.4.2　遮水シートサンプルの引張試験結果（2019年時）（その2）

資料番号	所在地	シート材質	メーカー	方面（向き）	保護マットの有無	経過年数	厚さ変化率*（%）		伸び保持率（%）		引張強さ保持率（%）	
							長手	幅	長手	幅	長手	幅
90	福岡	TPO	A社	北東	なし	21	-5.8	-6.4	84.0	79.9	103.6	82.7
91	福岡	TPO	A社	南東	なし（暴露7年⇒埋没14年）	21	-4.7	-5.2	86.5	81.9	105.6	85.4
92	福岡	TPO	A社	南東	なし	21	-4.3	-3.3	78.9	79.3	98.5	82.0
93	福岡	TPO	A社	南西	有り	21	-1.4	-0.8	86.4	82.8	102.2	83.6
94	福岡	TPO	A社	南西	なし	21	-1.9	-2.7	91.0	93.5	91.7	86.3
96	佐賀	TPO	A社	北東	なし	21	-1.5	-1.0	96.4	97.4	92.0	86.0
98	佐賀	TPO	A社	南	なし	21	2.5	2.5	85.2	88.0	89.4	81.4
100	佐賀	TPO	A社	南	なし（暴露6年，埋没15年）	21	7.5	7.5	87.2	93.0	98.1	87.9
101	鹿児島	TPO	B社	北東	なし	20	-4.5	-6.3	103.0	92.8	64.8	53.6
102	鹿児島	TPO	B社	北東	なし（暴露6年⇒埋没14年）	20	-3.8	-3.1	105.2	99.0	65.4	66.1
103	鹿児島	TPO	B社	東	なし	20	-2.6	-5.0	88.2	88.2	49.2	48.7
105	鹿児島	TPO	B社	南東	なし	20	-5.8	-5.0	85.4	73.8	44.7	38.6
106	鹿児島	TPO	B社	南東	なし（暴露8年⇒埋没12年）	20	-3.2	-5.0	100.4	96.8	59.7	56.0
107	沖縄	EPDM	D社	南	気中	24	-1.9	-4.2	25.2	22.8	49.1	49.9
108	沖縄	EPDM	D社	北	気中	24	-1.9	-1.9	39.5	36.3	61.5	62.2
109	沖縄	EPDM	B社	南	気中	24	-4.2	-3.8	45.1	45.5	84.6	90.2
110	沖縄	EPDM	B社	北	気中	24	-1.4	-1.4	49.3	48.9	88.6	92.7
111	沖縄	EPDM	D社	南	喫水	24	-3.2	-2.3	52.9	50.8	72.9	81.8
112	沖縄	EPDM	D社	西	喫水	24	-8.4	-9.3	49.8	51.5	73.7	86.9
113	沖縄	EPDM	D社	北	喫水	24	-3.7	-2.3	57.2	54.0	83.2	90.4
114	沖縄	EPDM	D社	東	喫水	24	-5.1	-4.6	61.1	57.2	79.8	90.0
115	沖縄	EPDM	B社	南	水中	24	-3.3	-2.3	41.1	46.9	77.3	86.8
116	沖縄	EPDM	B社	西	水中	24	-6.6	-8.9	50.3	49.6	72.2	79.8
117	沖縄	EPDM	B社	北	水中	24	-7.8	-8.7	55.2	57.7	76.4	88.5
118	沖縄	EPDM	B社	東	水中	24	-6.2	-6.6	43.5	49.6	76.2	89.4
119	沖縄	EPDM	B社	底盤	水中	24	-3.8	-4.8	59.0	53.4	78.5	83.3
120	沖縄	EPDM	B社	底盤	水中	24	-2.4	-4.7	58.5	58.8	87.5	96.4
121	沖縄	EPDM	B社	底盤	水中	24	-11.0	-10.5	50.7	51.2	86.3	89.4
122	兵庫	HDPE	A社	西	有り	20	5.3	5.3	91.8	79.8	105.8	102.4
123	兵庫	HDPE	A社	北	有り	20	4.0	4.0	92.8	84.2	111.1	109.0
124	兵庫	HDPE	A社	北	有り	20	4.0	4.0	89.6	81.5	95.8	99.4
125	兵庫	HDPE	A社	東	有り	20	4.0	4.0	91.8	83.3	106.7	109.6
126	兵庫	HDPE	A社	南	有り	20	9.3	9.3	94.9	86.0	112.7	121.2

＊　遮水シート厚さの初期値は，実測値ではなく代表値を用いた。

下記内容については「廃棄物処分場における遮水シートの耐久性評価ハンドブック（2009.3）」に詳述されているので参照されたい。

1）顕微鏡による表面観察

サンプリング遮水シート（PVC，TPO，EPDM）を10倍の拡大写真により，遮水シート表層の亀裂を観察している。

種類	地区	経年	保護マットの有無
PVC	北海道，茨城	11，18，27	無
TPO	福岡，茨城	5，18	無
	福岡	11	無8年，有3年
EPDM	茨城	18	無
	静岡	16	無11年，有5年

2）引張試験結果による遮水シート耐久性の評価

サンプリング遮水シート（TPO，PVC，EPDM，HDPE）の引張特性について評価している。

①　長手方向と幅方向の耐久性の違いについて

②　伸び保持率と厚さ変化率の関係について

③　方向（東西南北）別に見た伸び保持率

3）可視・近赤外分光法による非破壊試験方法の検討

サンプリングすることなく遮水シートの劣化状況を把握するための手法として，可視近赤外分光法の適用可能性についても検討している。

4.4.2　保護マット

現場サンプリングによる試料を総日射量と物理特性（引張強さ，貫入抵抗）を関連付けて耐久性評価を実施した。現場サンプリング場所と総日射量を**表-4.4.3**，現場サンプリング試料の物理性能を**表-4.4.4**に示す。**表-4.4.3**の試料番号82〜86は，埋没期間18年（No.82は14年）となっており，長期間にわたり暴露状態になかったため，ブランクとした。

現場サンプリング試料には洗浄しても不織布の中に砂等が入り込んで完全に除去できないことと苔が付着しており，目付量は目安とする。反毛フェルトの引張強さの横方向が縦方向より高くなっている。これは，カード機を用いたニードルパンチ不織布であるため，通常は横方向が強い値となる。なお，表中の試料番号（No.）は，M1〜M15は長繊維不織布を，他は遮水シートサンプル番号と同じで短繊維不織布（反毛フェルト）を示している。

表-4.4.3 現場サンプリング場所と総日射量

試料番号	所在地	種類	経過時間		全天日射量 g (MJ/m^2/日)	累積日射量 $g \cdot t$	年平均気温		向き(向きによる日射量の比)		暴露状態	総日射量
			年	日			T(℃)	$\alpha_1=2^{(T-15)/10}$	向き	α_2	α_3	$\alpha \cdot g \cdot t$
M1	T県	長繊維	6	2 190	12.9	28 251	13.8	0.92	西	0.83	1.00	21 577
M2			6	2 190	12.9	28 251	13.8	0.92	東	0.93	1.00	24 176
M3			6	2 190	12.9	28 251	13.8	0.92	北	0.69	1.00	17 937
M4	F県	長繊維	1.6	584	13.2	7 709	17	1.15	南	1.26	1.00	11 157
M5			1.6	584	13.2	7 709	17	1.15	西	0.83	1.00	7 350
M6			1.6	584	13.2	7 709	17	1.15	東	0.93	1.00	8 235
M7			1.6	584	13.2	7 709	17	1.15	北	0.69	1.00	6 110
M8			1.6	584	13.2	7 709	17	1.15	底盤	1.00	1.00	8 855
M9	I県	長繊維	2	730	13.5	9 855	15.8	1.06	西	0.83	1.00	8 646
M10	S県	長繊維	16	5 840	14.2	82 928	16.9	1.14	東	0.93	1.00	87 979
M11			16	5 840	14.2	82 928	16.9	1.14	東南東	1.02	1.00	96 493
M12			16	5 840	14.2	82 928	16.9	1.14	南東	1.10	1.00	104 061
M13			16	5 840	14.2	82 928	16.9	1.14	南南東	1.18	1.00	111 629
M14	H県	長繊維	18	6 570	13.2	86 724	14.5	0.97	西	0.83	1.00	69 529
M15			18	6 570	13.2	86 724	14.5	0.97	東	0.93	1.00	77 906
67,68	I県	反毛フェルト	18	6 570	12.3	80 811	10.6	0.74	南東	1.10	1.00	65 525
69,70			18	6 570	12.3	80 811	10.6	0.74	南西	1.05	1.00	62 547
71			18	6 570	12.3	80 811	10.6	0.74	西北西	0.80	1.00	47 357
82	SM県	反毛フェルト	20	7 300	12.8	93 440	15.2	1.01	東	0.93	–	–
83			20	7 300	12.8	93 440	15.2	1.01	北東	0.81	–	–
84			20	7 300	12.8	93 440	15.2	1.01	北西	0.76	–	–
85			20	7 300	12.8	93 440	15.2	1.01	南西	1.05	–	–
86			20	7 300	12.8	93 440	15.2	1.01	西	0.83	–	–
89A	F県	反毛フェルト	21	7 665	13.3	101 945	17.3	1.17	北東	0.81	1.00	96 847
93B			21	7 665	13.3	101 945	17.3	1.17	南西	1.05	1.00	125 542
95	K県	反毛フェルト	15	5 475	14.5	79 388	17.8	1.21	南	1.26	1.00	121 454

表-4.4.4　現場サンプリング試料保護マットの物理性能

試料番号	所在地	種類	経年	向き	厚さ (mm)	目付量 (g/m^2)	引張強さ (N/5 cm)		伸び率（%）		貫入抵抗	総日射量
							縦	横	縦	横	N	$\alpha \cdot g \cdot t$
M1	T県	長繊維	6	西	4	400	785	755	–	–	–	21 577
M2			6	東	4	400	996	1 055	–	–	–	24 176
M3			6	北	4	400	1 064	1 225	–	–	–	17 937
M4	F県	長繊維	1.6	南	4	400	1 470	990	–	–	–	11 157
M5			1.6	西	4	400	1 422	1 032	–	–	–	7 350
M6			1.6	東	4	400	1 348	1 062	–	–	–	8 235
M7			1.6	北	4	400	1 529	1 033	–	–	–	6 110
M8			1.6	底盤	4	400	1 421	1 467	–	–	–	8 855
M9	I県	長繊維	2	西	4	400	1 529	935	–	–	–	8 646
M10	S県	長繊維	16	東	2.9	–	843	623	54	45	616	87 979
M11			16	東南東	2.8	–	319	349	55	47	436	96 493
M12			16	南東	2.6	–	290	190	55	50	274	104 061
M13			16	南南東	1.3	–	71	41	41	20	117	111 629
M14	H県	長繊維	18	西	4	1 170*	1 333	803	–	–	820	69 529
M15			18	東	4	1 750*	1 019	670	–	–	659	77 906
67,68	I県	反毛フェルト	18	南東	9.2	2 152	752	1 548	62.3	48.7	1 135	65 525
69,70			18	南西	9	1 837	524	1 159	59.0	48.2	954	62 547
71			18	西北西	11.7	2 526	819	2 046	81.6	54.4	1 620	47 357
82	SM県	反毛フェルト	20	東	7.1	1 495	261	805	73.0	44.4	1 143	–
83			20	北東	8.6	1 566	1 078	406	50.5	87.5	1 056	–
84			20	北西	7.5	887	387	128	46.6	92.3	639	–
85			20	南西	5.8	691	160	637	97.0	48.8	498	–
86			20	西	8	1 228	1 087	314	54.4	83.7	966	–
89A	F県	反毛フェルト	21	北東	9.1	1 797	625	1 180	81.0	51.0	1 206	96 847
93B			21	南西	9.3	2 032	697	1 632	82.0	43.0	1 262	125 542
95	K県	反毛フェルト	15	南	10.4	1 782	985.0	–	–	–	1 760	121 454

注）6 mm のスポンジ層がついている関係で見かけ目付量は，高くなっている。

参考文献

1)　西山逸雄：SAICAS 法による薄膜の剥離強度評価，表面技術，Vol.58，No.5，2007

第 5 章
耐久性の評価と推定方法

5.1 遮水工材料の耐久性の考え方

遮水シートを用いた遮水工の耐久性（長期性能）については，遮水工の性能に影響を及ぼす可能性のあるいくつかの劣化因子や損傷原因に対してどこまでを事前に把握し，適切に対応できるかが長期的な性能を左右する重要なポイントとなる。

「耐用年数」の考え方は，供給側（メーカー），設計側（仕様の決定），使用側（所有者・維持管理担当）などの立場によって要求性能（許容レベル）が異なることがあり，十分議論し，考え方を統一してから耐久性の検討を行うことも重要である。

耐久性を評価する場合，遮水工に使用する遮水シート単独での耐久性だけでなく，保護マットなどの材料と併用した場合の耐久性についても併せて検討する必要がある。また，促進試験を実施した場合の耐久性の評価方法や推定方法の信頼性ついても，検討が必要である。

本章では，促進試験と現地での経年調査の両方を利用した耐久性の推定方法に関する検討から得られた結果に基づき提案を行う。

5.2 遮水工材料の耐久性評価システム [1), 2)]

遮水シートの耐用年数は，遮水シートに求められる性能が，ある許容限度に達するまでの時間として定義される。遮水シートに限らず，一般の高分子材料の耐用年数は**図-5.3.1** に示すシステムを用いて予測されることが多い。屋外暴露と促進試験に適用できる引張特性（引張強度，伸び率およびその保持率）を表現できる「数式モデル」，あるいは「劣化特性値と時間の関係曲線」と劣化因子のデータベースの整備を行うことで材料の耐久性（耐用年数）がある程度推定できると考えられる。

5.3 耐久性の評価方法

5.3.1 耐久性に影響を及ぼす因子

遮水工に用いられる遮水シートの耐久性については，

① 評価方法の信頼性

② 外力因子，周辺環境の特定

③ 素材（原材料）の特性と配合

④ 劣化の複合的なメカニズム

⑤ 促進暴露試験，屋外暴露試験および現場での劣化の関係（耐候性）

などを総合的に判断し，推定する必要がある。

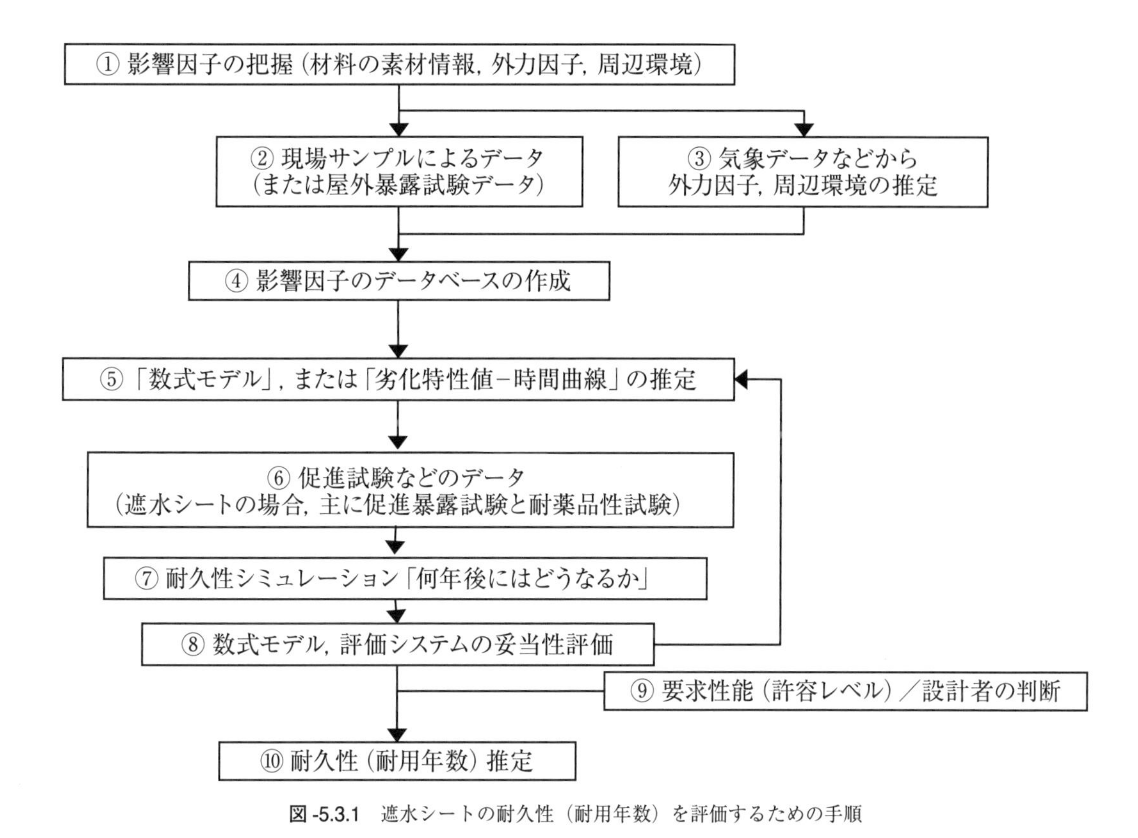

図-5.3.1 遮水シートの耐久性（耐用年数）を評価するための手順

遮水シートの耐久性に影響を及ぼす因子は一般に，化学的なもの，物理的なもの，生物的なもの，その他に分類される。個々の因子の影響を評価する上では，例えば，紫外線照射量×時間のような「強さ×時間（回数）」のエネルギー概念を導入することで，現実的な劣化現象と劣化因子の相関を説明することが理論的には可能となる。しかし，複数の劣化因子の相乗作用やある劣化因子が別の劣化現象の引き金となることもあり，実際の現象はかなり複雑であることが多い。

5.3.2 耐久性の評価方法[3), 4)]

高分子材料を素材とする遮水シートの耐久性に関連の強い項目は，紫外線，温度（熱）および水（薬品の溶液を含む）があり，これらが劣化の主な因子になると考えられる。ここでは，紫外線と熱による劣化を中心に，耐久性評価のために提案されている特性変化量を表現する「数式モデル・評価方法」をいくつか紹介し，その適用性について述べる。

(1) 経過時間による整理

屋外暴露試験の結果の何年が，促進暴露試験の t 時間に相当するという表現で評価する。普遍化するためには，屋外環境条件（地域／場所，気候，周辺環境）の各因子の定量的測定が必要である。

(2) 紫外線照射量による整理

特性変化量 Δp を，累積（積算）紫外線照射量 ΣU に比例するものと仮定して式（5.1）を用いて評価する。

$$\Delta p = A \sum U \tag{5.1}$$

ここで，Δp：特性変化量
　　　　A：材料定数
　　　　ΣU：累積紫外線照射量

この式は，特性変化に関わるメカニズムが時間の進行とともに変わらず一律な場合や劣化初期の段階では有効である。さらに，式（5.2）のようにベキ乗数を導入する提案もある。

$$\Delta p = A \sum U^{\beta} \tag{5.2}$$

(3) 熱（温度）による整理

1) アレニウス・プロット（反応速度論）式

一般の化学反応，拡散現象，亀裂の成長など温度が支配因子となる現象に用いられる。

$$\Delta p = k \cdot t = A \cdot \exp\left(\frac{-E_a}{R \cdot T}\right) \cdot t \tag{5.3}$$

ここで，k：特性変化速度
　　　　t：経過時間
　　　　E_a：見かけの活性化エネルギー
　　　　R：気体定数
　　　　T：絶対温度

一般には，ギヤー式老化試験により，試験温度 T_n の水準をいくつか変えて，ある限界の特性 p になるまでの時間 t_n を測定する。$T_1 \cdot t_1$，$T_2 \cdot t_2$，$T_3 \cdot t_3$，……左辺の値は一定より，T_n と $\log t_n$ をプロットすると直線で表される（図-5.3.2 のアレニウス・プロット参照）。

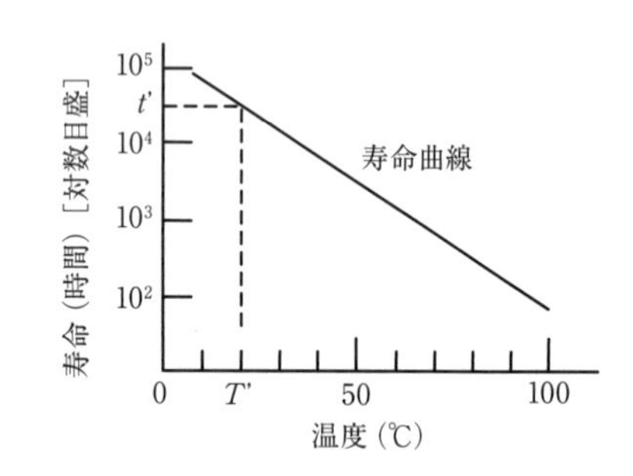

図-5.3.2　アレニウス・プロットによる評価

実際に材料が使用される温度 T' を仮定すると耐用年数（時間）t' が得られる。ただし，屋外で使用される条件では，一定の温度ではないので，経験的に妥当な値を設定しているのが実状である。

2) 温度－時間変換則

式（5.3）の経過時間にベキ乗数を導入する。

$$\Delta p = A \cdot \exp\left(\frac{-E_a}{R \cdot T}\right) \cdot t^{\beta} \tag{5.4}$$

β の値は，一定温度でのギヤー式老化試験で，特性変化量（あるいは変化率）と経過時間を両対数グラフにプロットして直線関係が得られたとき，その勾配として求められる。温度条件を変えて

も，勾配 β が同じとみなすことができれば，温度－時間・変換則が成立する。

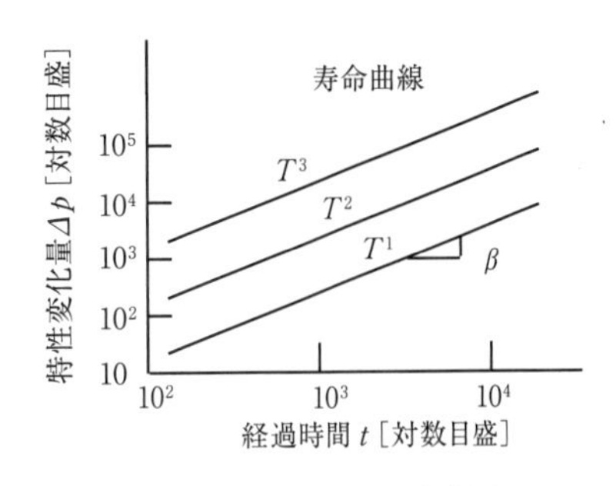

図-5.3.3　温度-時間変換則

(4) 紫外線と熱（温度）の相乗作用による整理

上述の数式モデルを組み合わせ，

$$\Delta p = A \cdot U \cdot \exp\left(\frac{-E_a}{R \cdot T}\right) \cdot t \tag{5.5}$$

ここで，U：紫外線量

ベキ乗数 α を導入して，

$$\Delta p = A \cdot U^{\alpha} \cdot \exp\left(\frac{-E_a}{R \cdot T}\right) \cdot t \tag{5.6}$$

一般には，紫外線が作用するとき温度上昇を伴う。そこで，熱のみによる特性変化を区別したモデルが提案されており，小池・田中モデルと呼ばれている。

$$\Delta p = A_U \cdot U^{\alpha} \cdot \exp\left(\frac{-E_{aU}}{R \cdot T}\right) \cdot t + A_T \cdot \exp\left(\frac{-E_{aT}}{R \cdot T}\right) \cdot t \tag{5.7}$$

特性に関わる作用因子の項を添え字は紫外線が U，温度が T で区別する。

(5) 累積（積算）温度などを指標とした劣化特性値の特性曲線

各地で行った現地サンプリングによる引張強さ保持率などの特性値変化と試験地域での温度（月平均温度の積算），降水量，日射時間，年平均日射量などについての単回帰分析による相関を求め，優位となる相関を求め，それ以降の特性値変化について推定する。

一般的な高分子材料では，温度と日射量が特性値変化への影響について有意となることが報告されている。

5.3.3 遮水シートの耐久性の評価方法

(1) すべての材質の遮水シートの耐久性を同一のモデル式で評価する方法

ここでは，遮水シートの特性変化に影響を及ぼす最も大きな因子は，遮水シートを施工してからの経過時間と日射量であると考え，前出の紫外線照射量による整理と同様のモデルを考えた。しかし，過去に施工された遮水シートの直接の紫外線照射量の算定は困難であることから，評価指標としては，特性値の変化（特性変化率）と試験地域での年平均気温，年平均日射量，斜面日射量，暴露条件などの相関を調べ，累積日射量を補正した値を紫外線照射量の代わりに用いる方法を提案した。なお，指標の中で考慮する項目としては，特に**表-5.3.1** に示す影響因子に着目した。

表-5.3.1　着目した影響因子

項　目	内　　容
時間	①遮水シート施工後の経過時間（年）
日射量	②サンプリング箇所付近の全天日射量　（過去30年データの平均）
温度	③サンプリング箇所付近の年平均気温　（過去30年データの平均）
向き	④サンプリング箇所の向きによる日射量の違い ※　暫定的に30度斜面による日射量と全天水平面日射量の比を用いた。
暴露状態	⑤直接，水中，遮光（保護マット），室内保管の違い

特性変化率と提案した指標（総日射量と呼ぶ）との関係は，次式で表される。

$$\Delta p' = \frac{|p - p_0|}{p_0} = A \sum S \tag{5.8}$$

ここで，$\Delta p'$：特性変化率（ある特性値の変化率）

p：現地でサンプリングした供用後の遮水シートの特性値

p_0：使用前の遮水シートの特性値

A：比例定数（材料定数）

$\sum S$：累積日射量に気温，向きおよび暴露条件などの影響因子を考慮した指標で，総日射量と呼ぶ。

累積日射量（年平均全天水平面日射量に経過日数を掛けた値）に年平均気温，斜面の向き，暴露条件などの影響因子を考慮した紫外線照射量の代わりに用いる指標である総日射量は，以下の式のように表される。

$$\sum S \approx (\alpha_1 \cdot \alpha_2 \cdot \alpha_3) \cdot \bar{g} \cdot t \tag{5.9}$$

ここで，t　：施工後からのサンプリング時までの経過日数（日）

$\bar{g}$　：サンプリング地域の年平均全天水平面日射量（MJ/m^2/ 日）

＊　サンプリング地域での過去30年データの平均値

α_1：年平均気温を考慮した補正係数

$\alpha_1 = 2^{(T-15)/10}$

T：サンプリング地域の年平均温度（°）

＊　サンプリング地域での過去30年データの平均値

α_2：サンプリング地域の全天日射量と施工箇所の向きを考慮した補正係数。

30度斜面の日射量と全天水平面日射量との比

＊　ここでは暫定的に，姫路での東西南北の30度傾斜斜面の日射量と全天水平面日射量の比を用いた。具体的な値は**表-5.3.2**の通り。

α_3：暴露状態を考慮した補正係数

暫定的に，直接暴露される状態を1.0，水中を0.5，遮光状態（保護マット，室内保管）

を0.2とした。施工後数年経過後に保護マットが施工された箇所については，その年数を考慮した。

表-5.3.2　30度斜面の日射量と全天水平面日射量の比

向き	東（0°）	南（90°）	西（180°）	北（270°）
α_2	0.93	1.26	0.83	0.69

表-4.4.1は，2009年時10～15年程度経過した現地サンプリングにより特性評価を行った66サンプルの内，遮水シートの種類や暴露された環境の違いにより，同一の評価が不可能であった9サンプルを除いた57サンプルの評価結果を上述の方法で評価した結果の一覧である。

図-5.3.4は，**表-4.4.1**に示した結果を図で表したものである。ここでは，本ハンドブックにおいて対象としたEPDM，HDPE，PVC，TPOの特性として，引張試験における遮水シートの供試体が破断するときの伸び率の変化率を特性変化率とし，総日射量との関係を示したものである。

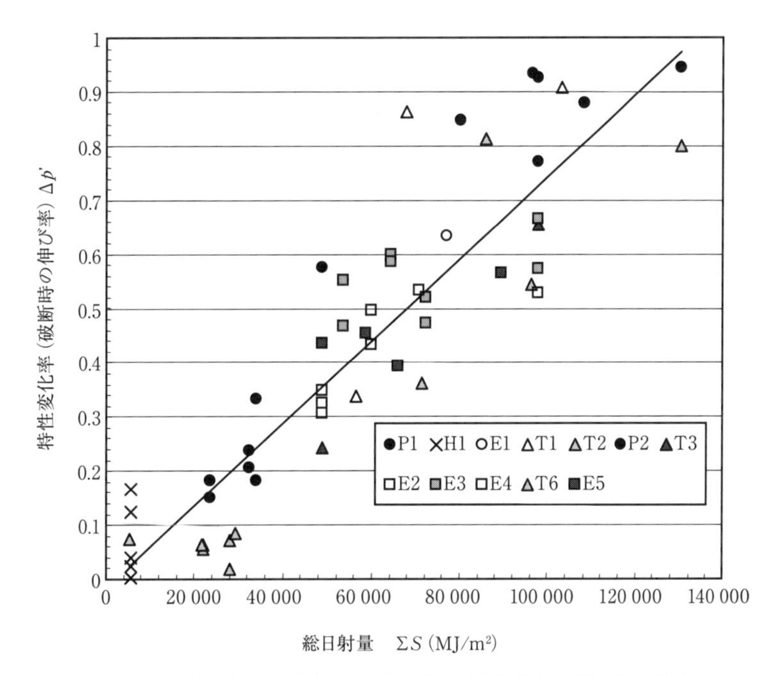

図-5.3.4　特性変化率（破断時の伸び率の変化）と総日射量との関係

図-5.3.4から，累積日射量を補正した総日射量と破断時の伸び率の特性変化率との関係には，相関係数はR^2=0.8045の比較的良好な相関が得られている。なお，式（5.8）の比例定数Aの具体的な値は以下の通りとなる。

$$\Delta p'=A\cdot\sum S=(7.38\times10^{-6})\cdot\sum S \qquad (5.10)$$

図-5.3.4から判断すると，破断時の伸び率の特性変化率$\Delta p'$が0.6を超えるあたりで，特性変化率のバラツキがやや大きくなっていることがわかる。そこで，破断時の伸び率特性の許容変化率の判断基準の一つとして，$\Delta p'=0.6$ を目安の値とすることが考えられる。

(2) 遮水シート材質別の長期耐久性評価式の提案

前述した耐久性評価式は2009年当時に採取した遮水シートサンプルを用いて導出した結果に基づくものである。その後，さらに長期間が経過した遮水シートサンプルを採取して特性を評価した結果，材質によって変化の傾向が異なるものがあることが判明した。また最近の遮水シートの中には，技術革新により耐久性が格段に向上したものもある。したがって，評価を行う際には各遮水シートについて，材質別の屋外暴露試験や促進暴露試験のデータを基に，累積日射量を補正した総日射量と破断時の伸び率の特性変化率との関係を確認しておくことが不可欠となる。そこで，前述した（1）の分析後から10年後に新たに採取したサンプルに基づくデータを用いた分析を行い，遮水シートの材質別に耐久性評価式を提案することとする。

前述した（1）では，すべての材質の遮水シートのデータを一本の直線回帰式に当てはめて耐久性を評価していたが，ここでは，遮水シートの材質別に異なる耐久性評価式を，指数関数モデルを用いて評価することとした。評価式を（5.11）に示す。この式において，Y_i は遮水シート i の引張強さ保持率または伸び保持率であり，その値は遮水シートへの入力エネルギー X により影響を受けるものとして定式化している。

$$Y_i=a_i+b_i\cdot c_i^X \tag{5.11}$$

ここで，i　：遮水シート材質（EPDM，TPO）

Y_i：遮水シート材質 i の引張強さ保持率または伸び保持率（%）

X：入力エネルギー（GJ/m^2）

a_i, b_i, c_i：回帰係数

遮水シートへの入力エネルギー X の算定方法として，2つのケースを検討した。

ケース1：遮水シートへの入力エネルギー X を気温による補正係数 α_1，法面方位係数 α_2，暴露常態による紫外線補正係数 α_3，全天日射量 S_d，遮水シート施工後の経過 t を乗じた総エネルギー量で表した式が次式（5.12）である。

$$X=\alpha_1\cdot\alpha_2\cdot\alpha_3\cdot S_d\cdot t \tag{5.12}$$

ここで，α_1：気温による補正係数

α_2：法面方位係数

α_3：暴露状態による補正係数（今回は暴露試料を用いたので $\alpha_3=1$）

S_d：全天日射量（GJ/m^2/ 日）

t　：時間（日）

ケース2：遮水シートへの入力エネルギー X を日射によるエネルギー E_1 と気温と相関の強い下向き赤外放射エネルギー E_2 の和で求めた総エネルギー量で計算する式が次式（5.13）である。

$$X=E_1+E_2 \tag{5.13}$$

ここで，E_1：日射によるエネルギー（GJ/m^2）

E_2：下向き赤外線放射によるエネルギー（GJ/m^2）

$E_1 = \alpha_2 \cdot \alpha_3 \cdot S_d \cdot t$

$E_2 = L_d \cdot t$

ここで，α_2：法面方位係数

α_3：暴露状態による紫外線補正係数（今回は暴露試料を用いたので $\alpha_3=1$）

S_d：全天日射量（GJ/m^2/ 日）

t　：時間（日）

L_d：下向き赤外線放射量（GJ/m^2/ 日）

下向き赤外放射とは，天空の全方向から地表面に入射する赤外放射である。下向き赤外放射は，大気中の雲，水蒸気，二酸化炭素などからその絶対温度の 4 乗に比例して放射されるため，気温との相関が高い。下向き赤外放射量は日本では数か所でしか測定されていないため，次式により推定する。

$L_d = \beta \cdot \sigma \cdot T^4 \times 10^{-9}$

ここで，β= 定数 0.869（気象庁データと計算値の比）

σ　：ステファン・ボルツマン定数 5.67×10^{-8}（Wm^{-2} K^{-4}）=0.004899（J/ 日・m^{-2}・K^{-4}）

T：気温（K）

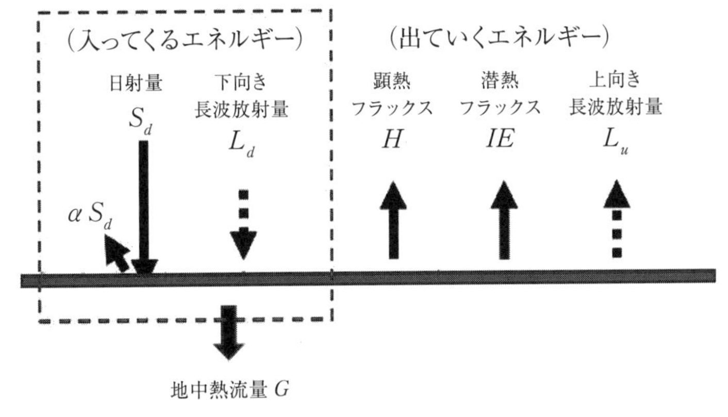

図 -5.3.5　遮水シートのエネルギーバランス

(3) 遮水シートの材質別の耐久性評価の結果

実際の最終処分場において，保護マットに覆われておらず，暴露された状態の遮水シートを採取した。その後，採取した遮水のシートにメタルハライドランプを用いてさらに促進劣化を施した試料を作成した。これらの試料の引張試験を行い，遮水シートの材質別の引張特性保持率（引張強さ保持率と伸び保持率）のデータを取得した。**表 -5.3.3** に，遮水シートの材質別の引張強さ保持率および伸び保持率を遮水シートに入力されたエネルギー量を基に推定するための推定式とその統計的評価値を示す。TPO の現場試料の実測値には，数点，かけ離れた値を示すものがあるものの推定式の p 値は 1 %以下となっており，推定式が統計的に有意であることが示された。さらに，推定式

のデータへの当てはまりの良さを評価する決定係数 R^2 の値が良好であることから，これらの推定式が遮水シートの引張特性保持率を評価するのに適していることが統計的に確認された。

表-5.3.3　遮水シートの材質別の引張強さ保持率および伸び保持率の推定式

シート種	項目 (Y)	ケース	モデル式（X：人力エネルギー）	サンプル数	R^2	p 値
EPDM	引張強さ	1	$Y = 74.43 + 25.57 \cdot 0.9928^X$	34	0.551	2.51E-07
		2	$Y = 79.84 + 20.16 \cdot 0.9962^X$	34	0.442	9.05E-06
	伸び	1	$Y = 25.27 + 74.73 \cdot 0.9841^X$	34	0.865	9.13E-16
		2	$Y = 26.82 + 73.18 \cdot 0.9941^X$	34	0.922	1.51E-19
TPO	引張強さ	1	$Y = 58.00 + 42.00 \cdot 0.9929^X$	35	0.53	3.58E-07
		2	$Y = 67.26 + 2.74 \cdot 0.9967^X$	35	0.479	2.05E-06
	伸び	1	$Y = 49.71 + 50.29 \cdot 0.9979^X$	35	0.448	5.57E-06
		2	$Y = 52.12 + 47.88 \cdot 0.9995^X$	35	0.383	3.71E-05

ケース1およびケース2のモデル式で耐久性を評価した結果を**図-5.3.6**～**図-5.3.13**に示す。

1）ケース1

①　EPDM（引張強さ保持率）

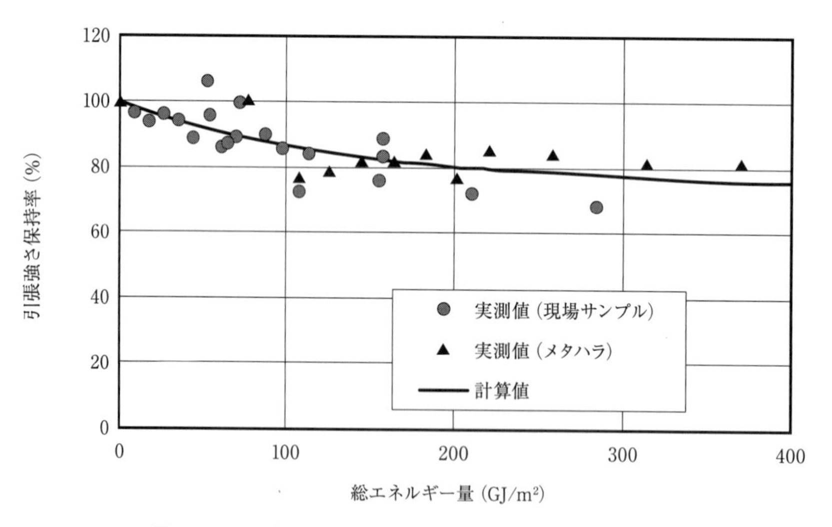

図-5.3.6　引張強さ保持率と総エネルギー量の関係（EPDM）

② EPDM（伸び保持率）

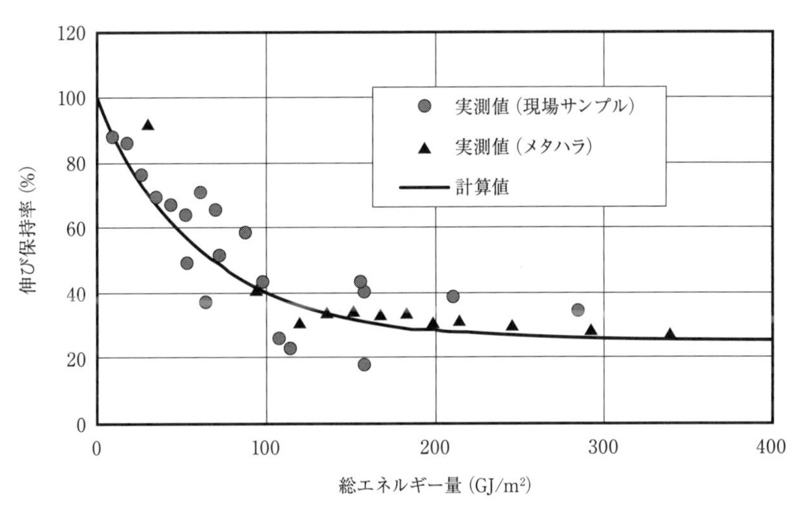

図-5.3.7 伸び保持率と総エネルギー量の関係（EPDM）

③ TPO（引張強さ保持率）

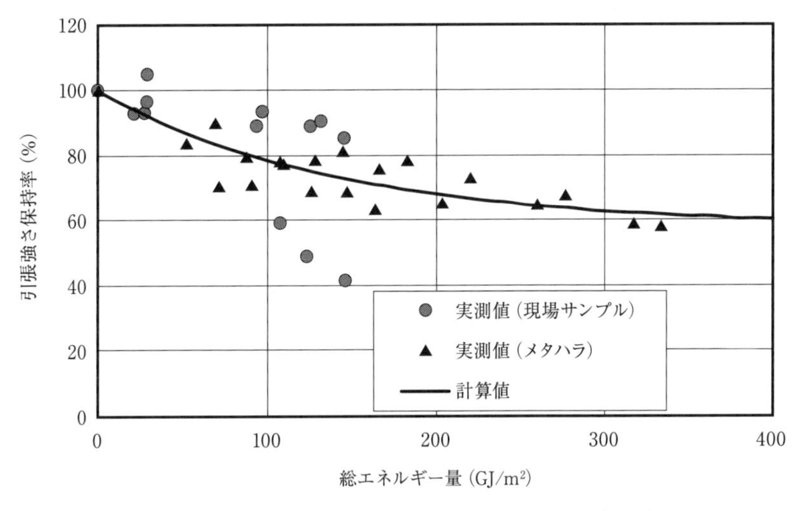

図-5.3.8 引張強さ保持率と総エネルギー量の関係（TPO）

④　TPO（伸び保持率）

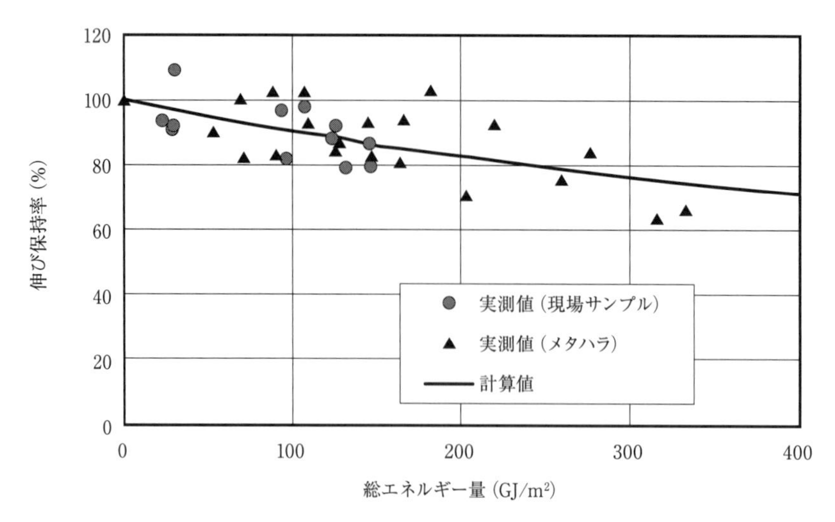

図-5.3.9　伸び保持率と総エネルギー量の関係（TPO）

2)　ケース2

①　EPDM（引張強さ保持率）

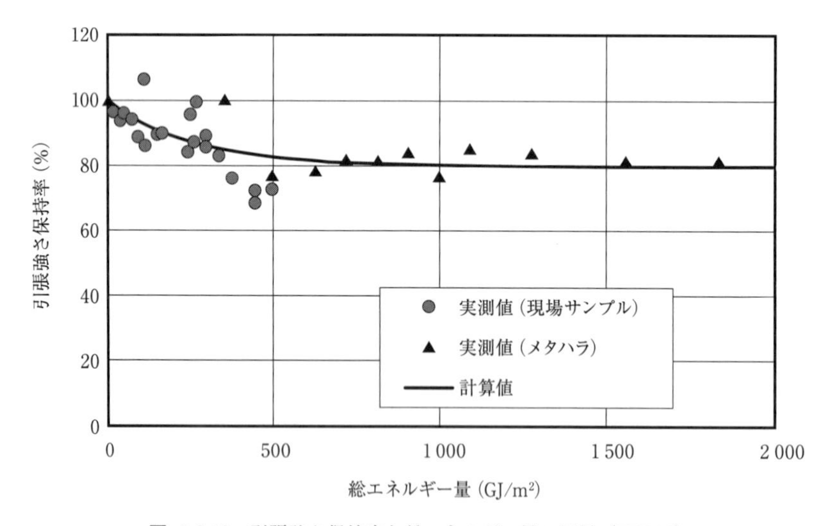

図-5.3.10　引張強さ保持率と総エネルギー量の関係（EPDM）

② EPDM（伸び保持率）

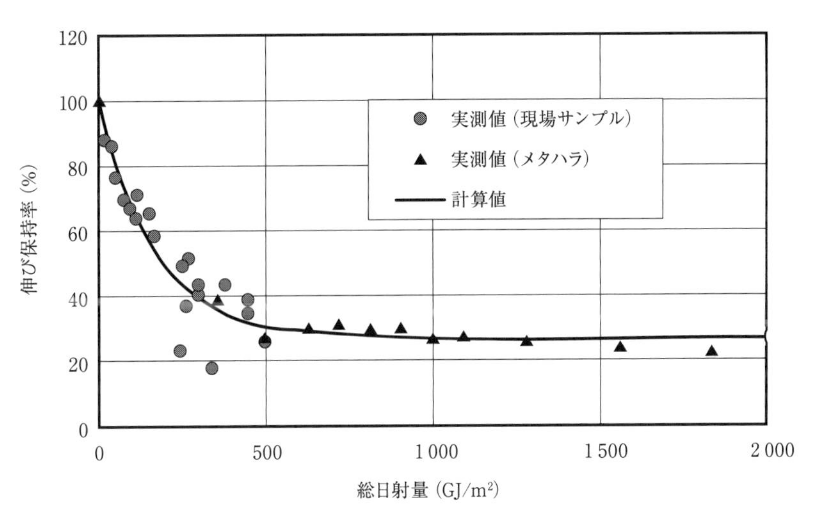

図-5.3.11 伸び保持率と総エネルギー量の関係（EPDM）

③ TPO（引張強さ保持率）

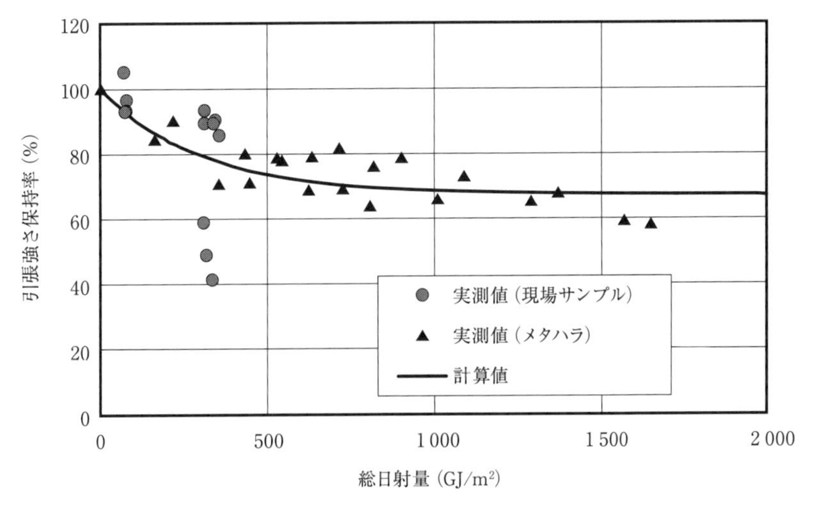

図-5.3.12 引張強さ保持率と総エネルギー量の関係（TPO）

④　TPO（伸び保持率）

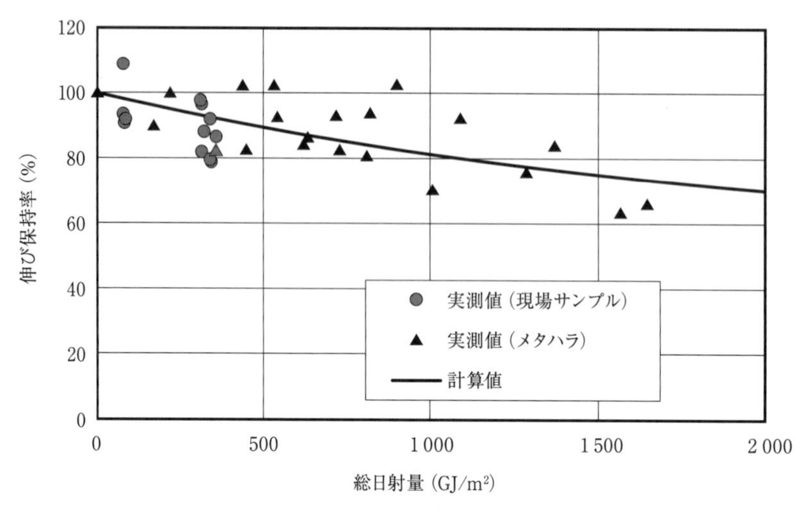

図-5.3.13　伸び保持率と総エネルギー量の関係（TPO）

(4) 供用可能年数の推定

ケース1の式（5.12）に，年平均気温 15.4℃（1991～2020年）の場合の気温による補正係数 $\alpha_1 = 2^{(15.4-15)/10} = 1.0281$，日本における年平均日射量 5 011 MJ/m² (2012～2021年）に年平均気温 15.4℃（1991～2020年）で補正し，代入すると1年間の総エネルギー量 X=5 152 MJ/m²/年となる。

ケース2の式（5.13）に，年平均日射量 E_1=5 011 MJ/m²，下向赤外放射量 E_2=10 750 MJ/m² を代入すると，1年間の総エネルギー量 X=15 761 MJ/m²/年となる。

$$\sigma T^4 = 5.67\times10^{-8}\times3\,600\times24\times(273+15.4)^4$$
$$= 0.004899\times(273+15.4)^4 = 0.004899\times6\,918 = 33.891\ \mathrm{MJ/m^2/日}$$
$$E_2 = 33.891\ \mathrm{MJ/m^2/日}\times365\ 日\times0.869\ (補正係数) = 10\,750\ \mathrm{MJ/m^2/年}$$

ここで，　σ　：ステファン・ボルツマン定数 5.67×10^{-8} ($\mathrm{Wm^{-2}K^{-4}}$)

　　　　T　：絶対温度（K）

　　　　E_2：下向赤外放射量（MJ/m²/年）

以上より，ケース1およびケース2における50年間の総エネルギー量を計算するとそれぞれ約 258 GJ/m² および 788 GJ/m² となる。これらの値を**表-5.3.3**の式に代入して50年後の引張特性保持率を求めた結果を**表-5.3.4**に示す。

表-5.3.4　50年後の推定引張特性保持率

モデル	材料種類	50年後の推定引張特性保持率(%)	
ケース1	EPDM	引張強さ	78.4
		伸び率	26.5
	TPO	引張強さ	64.7
		伸び率	78.9

モデル	材料種類	50年後の推定引張特性保持率(%)	
ケース2	EPDM	引張強さ	80.8
		伸び率	27.5
	TPO	引張強さ	69.7
		伸び率	84.4

この結果より，ケース1，ケース2のいずれの場合においても，50年後のEPDMの引張強さ（ケース１で78.4 %，ケース２で80.8 %），TPOの引張強さ（ケース１で64.7 %，ケース２で69.7 %）と伸び率（ケース１で78.9 %，ケース２で84.4 %）は良好な値であり，50年以上の耐久性はあるものと推定される。一方，EPDMの伸び率についてはケース１で26.5 %，27.5 %と相対的に低い値となった。これは，合成ゴム系と合成樹脂系の劣化曲線は異なるためと考えらる。経験則上，合成ゴム系の伸び保持率は20 %程度でも遮水機能は満足していると考えられる。

遮水シートは，保護マットによる被覆もしくは土中埋没されることにより劣化が大きく軽減（暴露係数α_3の値が１から0.4以下となる）されることも報告されている。遮水シートは敷設当初より遮光性保護マットで被覆することにより，日射による紫外線劣化等が軽減され，50年以上の耐久性はあるものと判断される。

(5) 被覆下の遮水シートの暴露係数に関する検討

1) 指数関数モデル式の直線回帰

直接暴露された遮水シートの引張特性と保護マット下または土中にあった遮水シートの引張特性を比較解析することで，被覆による暴露係数（α_3）を推定する。

次式において，X_1は当初被覆材なしで敷設された遮水シートに被覆材が施された時点までに入力したエネルギー量，X_0は遮水シート敷設時からサンプリング時点までの入力エネルギー量を示し，X_2は全期間を通じて被覆材が施されずにサンプリング時点までの年数が経過したと仮定したときの入力エネルギー量である。X_1からX_2までのエネルギーが被覆材を施すことによって，X_1からX_0に軽減されたものとみなし，式（5.16）を提案し，暴露係数α_3を推定する。

$$Y_i = a_i + b_i \cdot c_i^{X} \tag{5.14}$$

$$X_i = \left\{\ln(Y_i - a_i) - \ln(b_i)\right\} / \ln(c_i) \tag{5.15}$$

$$\alpha_3 = (X_0 - X_1)/(X_2 - X_1) \tag{5.16}$$

なお，$Y_0 > Y_1$の場合α_3はマイナスとなり，$Y_2 > Y_0$の場合α_3は１以上となるため，解析対象外とした。

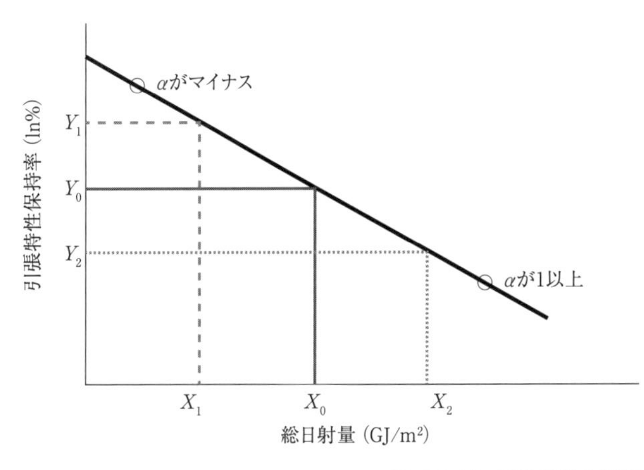

Y_0：（暴露+被覆）期間の保持率（%）から式（5.15）により求めた対数
Y_1：被覆前暴露期間の保持率（%）から式（5.15）より求めた対数
Y_2：全期間暴露相当後の保持率（%）から式（5.15）より求めた対数
X_0：（暴露＋被覆）期間の総日射量（GJ/m²）
X_1：被覆前暴露期間の総日射量（GJ/m²）
X_2：全期間暴露相当後の総日射量（GJ/m²）
α_3：被覆材料の暴露係数

図-5.3.14 指数関数の直線回帰モデル

2) 被覆状態にあった遮水シートの引張特性

最終処分場において，被覆状態（保護マット，廃棄物または土中埋没）にあった遮水シートをサンプリングし，引張特性を評価した結果を**表-5.3.5**に示す。溜め池などで水中浸漬されていたサンプルは，水位変動による暴露期間と水中浸漬期間が不明であったため，解析対象外とした。また，HDPEについても，すべてのサンプルが保護マットで被覆された状態であり，屋外暴露状態のサンプルを採取できななかったため，両者の比較ができないことから，解析対象外とした。

表-5.3.5　被覆状態での遮水シート引張特性

試料番号	所在地	シート材質	向き	保護マットの有無		引張強さ保持率（%）			伸び保持率（%）		
						長手	幅	平均	長手	幅	平均
48, 49	静岡	EPDM	北西	無11, 有5年	16	87.2	93.4	90.3	66.3	68.9	67.6
50, 51	静岡	EPDM	東	無11, 有5年	16	76.7	84.0	80.4	53.4	57.8	55.6
52	静岡	EPDM	南東	無11, 有5年	16	76.5	87.6	82.1	46.7	50.6	48.7
66	福岡	EPDM	北	無12, 有6年	18	90.8	93.1	92.0	56.5	57.8	57.2
64	福岡	EPDM	西	無12, 有6年	18	85.7	85.5	85.6	54.5	53.7	54.1
63	福岡	EPDM	東	無12, 有6年	18	69.4	86.0	77.7	60.6	48.0	54.3
65	福岡	EPDM	南	無12, 有6年	18	78.1	79.8	79.0	43.5	45.5	44.5
79	静岡	EPDM	北西	無11, 有18年	29	89.4	92.3	90.8	67.5	68.6	68.0
80	静岡	EPDM	東	無11, 有18年	29	83.5	89.0	86.3	52.7	52.4	52.5
81	静岡	EPDM	南東	無11, 有18年	29	83.5	85.2	84.3	55.8	55.5	55.7
53~55	福岡	TPO	南	無8, 有3年	11	79.9	81.2	80.6	92.9	87.5	90.2
77	神奈川	TPO-PP	南	有	17	84.8	106.5	95.6	88.9	80.5	84.7
78	神奈川	TPO-PP	西	有	17	93.8	112.6	103.2	98.3	87.4	92.8
89	福岡	TPO	北東	有	21	120.5	90.2	105.4	101.0	94.8	97.9
93	福岡	TPO	南西	有	21	102.2	83.6	92.9	86.4	82.8	84.6
73, 74	福島	TPO	南	埋没26年	26	92.3	96.0	94.1	85.4	98.6	92.0
75, 76	群馬	TPO	南	埋没28年	28	99.4	98.0	98.7	101.5	96.4	98.9
88	福岡	TPO	北東	無7, 埋没14年	21	108.6	88.1	98.4	87.0	80.8	83.9
91	福岡	TPO	南東	無7, 埋没14年	21	105.6	85.4	95.5	86.5	81.9	84.2
100	佐賀	TPO	南	無6, 埋没15年	21	98.1	87.9	93.0	87.2	93.0	90.1
102	鹿児島	TPO	北東	無6, 埋没14年	20	65.4	66.1	65.8	105.2	99.0	102.1
104	鹿児島	TPO	東	無6, 埋没14年	20	53.6	49.3	51.5	78.7	81.3	80.0
106	鹿児島	TPO	南東	無8, 埋没12年	20	59.7	56.0	57.8	100.4	96.8	98.6

① EPDM（保護マット被覆）

前述の方法により推定した，保護マットで被覆されたEPDMの暴露係数を**表-5.3.6**に示す。

表-5.3.6　保護マット被覆EPDMの暴露係数推定値

試料番号	所在地	シート材質	向き	保護マットの有無		引張強さ保持率	暴露係数 α_3		伸び保持率	暴露係数 α_3	
				無(年)	有(年)	(%)	ケース1	ケース2	(%)	ケース1	ケース2
48, 49	静岡	EPDM	北西	11	5	90.3	0.748	0.115	67.6	−0.619	−0.871
50, 51	静岡	EPDM	東	11	5	80.4	5.191	10.052	55.6	−0.150	−0.197
52	静岡	EPDM	南東	11	5	82.1	2.971	4.777	48.7	0.033	0.259
66	福岡	EPDM	北	12	6	92.0	0.228	−0.446	57.2	0.259	−0.270
64	福岡	EPDM	西	12	6	85.6	2.057	1.647	54.1	0.100	−0.150
63	福岡	EPDM	東	12	6	77.7	6.991	79.8より小	54.3	−0.140	−0.221
65	福岡	EPDM	南	12	6	79.0	3.592	79.8より小	44.5	−0.029	0.339
79	静岡	EPDM	北西	11	18	90.8	0.151	−0.017	68	−0.180	−0.249
80	静岡	EPDM	東	11	18	86.3	0.468	0.445	52.5	0.026	0.013
81	静岡	EPDM	南東	11	18	84.3	0.513	0.703	55.7	−0.131	−0.085

注）表中の網掛け部はマイナスデータおよび1以上のデータのため解析対象外とした。

② TPO（保護マット被覆）

同様の方法で推定した，保護マットで被覆されたTPOの暴露係数を**表-5.3.7**に示す。

表-5.3.7　保護マット被覆TPOの暴露係数推定値

試料番号	所在地	シート材質	向き	マットの有無		引張強さ保持率	暴露係数 α_3		伸び保持率	暴露係数 α_3	
				無(年)	有(年)	(%)	ケース1	ケース2	(%)	ケース1	ケース2
53~55	福岡	TPO	南	8	3	80.6	1.644	2.71	90.2	2.413	6.347
77	神奈川	TPO-PP	南	0	17	95.6	0.138	0.151	84.7	1.543	2.679
78	神奈川	TPO-PP	西	0	17	103.2	−0.14	−0.112	92.8	0.994	1.287
89	福岡	TPO	北東	0	21	105.4	−0.174	−0.146	97.9	0.210	0.285
93	福岡	TPO	南西	0	21	92.9	0.208	0.219	84.6	1.387	2.291

注）表中の網掛け部はマイナスデータおよび1以上のデータのため解析対象外とした。

③　TPO（土中埋没）

同様の手法により推定した，土中埋没したTPOの暴露係数を**表-5.3.8**に示す。

表-5.3.8　土中埋没TPOの暴露係数推定値

試料番号	所在地	シート材質	向き	埋設状態		引張強さ保持率（%）	暴露係数 α_3		伸び保持率（%）	暴露係数 α_3	
				暴露（年）	埋没（年）		ケース1	ケース2		ケース1	ケース2
73, 74	福島	TPO	南	0	26	94.1	1.141	0.142	92.0	4.438	0.870
75, 76	群馬	TPO	南	0	28	98.7	0.186	0.026	98.9	0.414	0.094
88	福岡	TPO	北東	7	14	95.5	−0.413	−0.425	83.9	2.346	3.412
91	福岡	TPO	南東	7	14	95.5	−0.076	−0.305	84.2	1.548	2.994
100	佐賀	TPO	南	6	15	93.0	−0.152	−0.115	90.1	0.600	1.403
102	鹿児島	TPO	北東	6	14	65.8	2.723	67.3よりも小	102.1	−0.688	−0.828
104	鹿児島	TPO	東	6	14	51.5	58.0よりも小	67.3よりも小	80.0	2.364	4.401
106	鹿児島	TPO	南東	8	12	57.8	58.0よりも小	67.3よりも小	98.6	0.939	−0.376

注）表中の網掛け部はマイナスデータおよび1以上のデータのため解析対象外とした。

埋没前から保護マットが施工されていた試料番号（73，74）および吹付ウレタン保護材有の試料番号（75，76）については，引張強さ保持率から求めた暴露係数が他の数値と比較して非常に低い値となった。その他の試料は，遮水シート敷設当初は被覆材がなく途中から埋立物で被覆されたとのことであった。

3）保護マットおよび埋没状態により被覆状態にあった遮水シートの暴露係数

以上により求めた保護マットおよび埋没による暴露係数を**表-5.3.9**にまとめた。

表-5.3.9　被覆遮水シートの暴露係数

種類			ケース1			ケース2		
			n	α_3	平均	n	α_3	平均
保護マット	EPDM	TB	5	0.422	0.281	3	0.421	0.312
		EB	4	0.102		3	0.204	
	TPO	TB	2	0.178	0.388	2	0.185	0.218
		EB	2	0.602		1	0.285	
埋没	TPO	TB	1	0.186	0.535	2	0.084	0.283
		EB	3	0.651		2	0.482	

以上の結果は，被覆遮水シートが日光への完全暴露された状態に対して保護マットや埋没により被覆された状態の引張特性の比から求めた暴露係数である。結果のばらつきの一因は最終処分場で暴露されていた遮水シートに保護マットが施工された時期や暴露されていた遮水シートが廃棄物や

覆土により埋没した時期に関する情報が，最終処分場管理者からの聞き取り調査に基づくものであったことから，正確な暴露期間，被覆期間に関する情報が得られなかったことなどが推定結果に影響を及ぼしたものと考えられる。また，TPOについては，引張特性のデータのバラツキが大きかったことが暴露係数の推定結果のバラツキに影響していると考えられる。

以上を整理すると，被覆材として保護マットを使用した場合，廃棄物や覆土に埋没した場合ともに，0.3程度の暴露係数となり，保護マットや埋没などによる遮水シートの外部環境からの保護が有効であることが示された。一方，海外の調査事例では，覆土した場合，暴露係数が0.1程度（完全暴露の1/10程度の暴露率）になると発表されたものがある。

(6) 推定被覆暴露係数の妥当性

被覆遮水シートの暴露係数α_3を0.3と設定し，直接暴露された遮水シートのデータのみで作成した**図-5.3.6**〜**図-5.3.13**に，被覆された遮水シートのデータを追加的にプロットして整合性を検証した。

1) 保護マットによる被覆暴露係数の妥当性

① EPDM

図-5.3.15に推定被覆暴露係数を入れたデータを追加し，データのフィッティングを検証した。

フィッティング検証の結果，保護マット被覆状態での暴露係数0.3で屋外暴露とフィッティングするといえる。

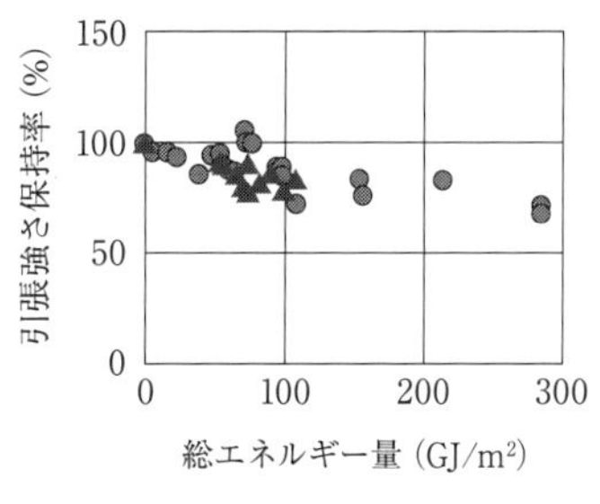

●屋外暴露　▲保護マット (α_3=0.3)

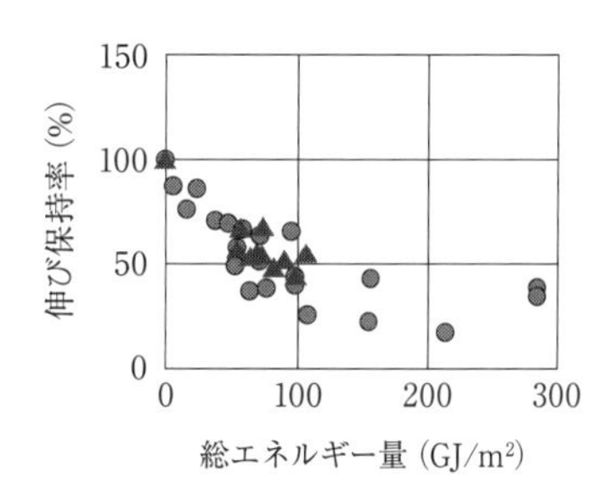

●屋外暴露　▲保護マット (α_3=0.3)

図-5.3.15　保護マット被覆による総エネルギー量と引張特性保持率の関係（ケース1）

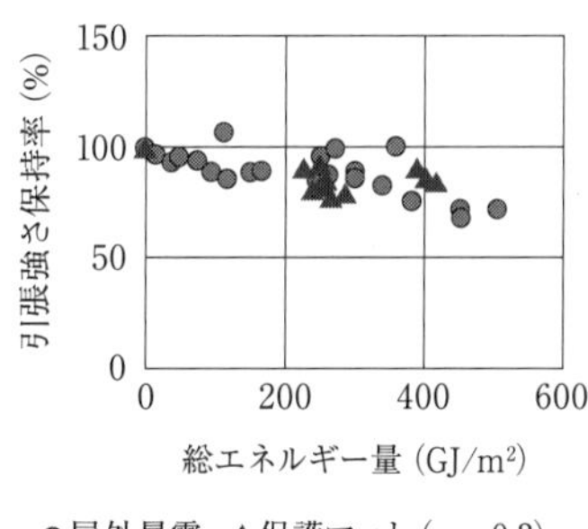

●屋外暴露　▲保護マット (α_3=0.3)

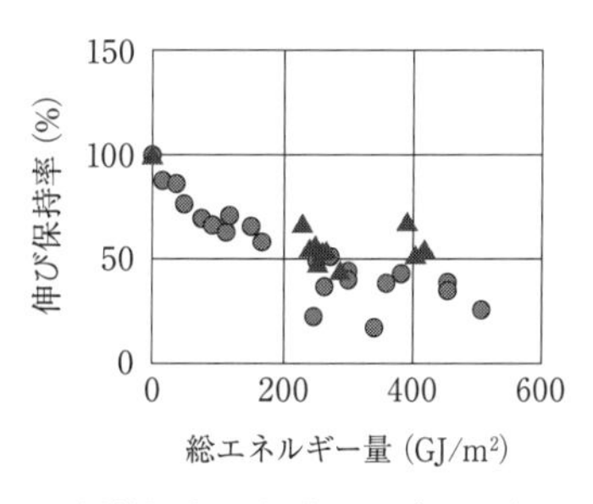

●屋外暴露　▲保護マット (α_3=0.3)

図-5.3.16　保護マット被覆による総エネルギー量と引張特性保持率の関係（ケース2）

② TPO

図-5.3.12 に推定被覆暴露係数を入れたデータを追加し，データのフィッティングを検証した。

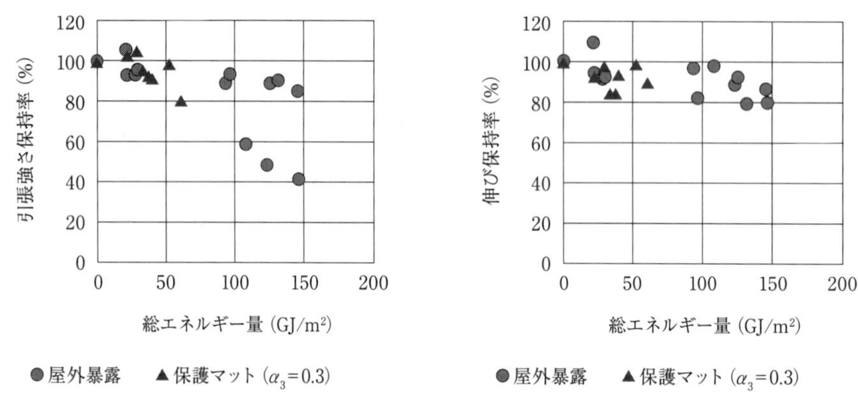

図-5.3.17　保護マット被覆による総エネルギー量と引張強さの関係（ケース 1）

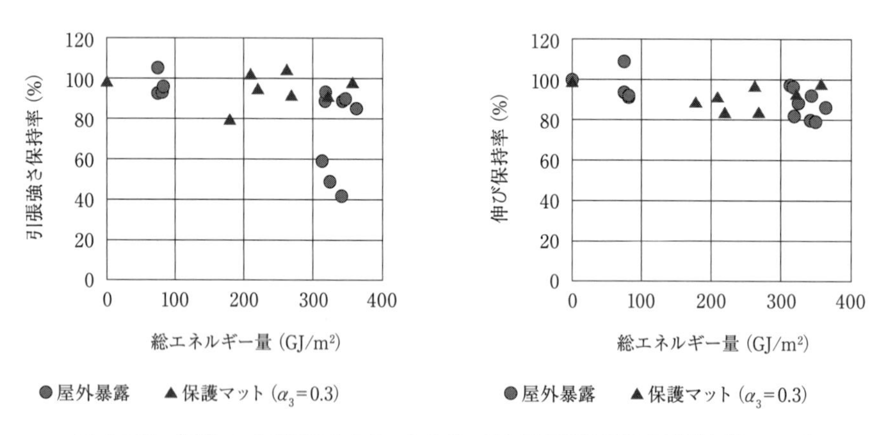

図-5.3.18　保護マット被覆による総エネルギー量と引張特性保持率の関係（ケース 2）

一部にフィッティングしないものがあるものの，保護マット被覆状態での暴露係数を 0.3 として引張強さ保持率および伸び保持率と総エネルギー量の関係をプロットしたところ，直接暴露されたデータのみで作成したグラフにフィッティングした。

被覆状態にあった遮水シートの引張特性と，被覆暴露係数 0.3 を用いて計算した総エネルギー量のデータをグラフにプロットしたところ，直接暴露遮水シートのデータのプロットとよくフィッティングしていた。この結果はケース 1 および 2 いずれの場合も同様であった。以上のことから，保護マットの暴露係数を 0.3 とすることは一定の妥当性を有すると考えられる。以上のデータに基づくと，被覆により遮水シートの劣化は暴露状態の遮水シートに比べ約 3 分の 1 に抑えられるとの結果が得られた。ただし，暴露係数に関する推計結果は，限られたデータから算出されたものであるため，目安値として参考にされるものであり，今後データが蓄積された段階で改めて評価すべきと考えられる。

2) 埋没による被覆暴露係数の妥当性

埋没については時期が定かでなかったため，解析には至らず対象から外した。GRI Report #42（紫外線照射試験による遮水シートの耐久性，2012）によれば，「覆土されたときのHDPEの耐久性は暴露されたときの約10倍」と推定されていることからも土中埋没の暴露係数は0.1と考えてもよいと判断される。

5.4 保護マットの耐久性

保護マットは遮水工材料の一部として重要であり，その耐久性を確認しておく必要がある。以下に検討内容と結果を示す。

5.4.1 調査方法と評価指標

長繊維不織布の耐久性は，遮光性保護マットとしての日本遮水工協会認定品の初期物性，促進暴露試験1 000時間実施後の物性，実暴露された長繊維不織布を抜き取った供試体の物性により調査した。

短繊維不織布（反毛フェルト含む）は初期物性，促進暴露試験1 000時間実施後，3 000時間実施後の物性および実暴露された短繊維不織布（反毛フェルト含む）を抜き取った供試体の物性により調査した。評価指標は，遮水シートの保護機能として重要な貫入抵抗500 Nを保持している時点とした。なお，「**表-2.6.1** 保護マットの種類と特性目安値 」に記載されているジオコンポジットについては，データが十分ではないことから記載していない。

(1) 促進暴露時間と総日射量の関係

表-3.3.1 ウエザオメーター試験時間と屋外暴露期間の関係より，サンシャインウエザオメーター（WOM）の照射時間と総日射量（ケース1）と総エネルギー量（ケース2）の関係を**表-5.4.1**に示す。

表-5.4.1 促進暴露試験時間と屋外暴露期間の関係

区分	WOM照射時間（hr）	0	500	1 000	2 000
	経年（年）	0	1.49	2.97	5.94
ケース1	総日射量（MJ/m^2）	0	7 651	15 301	30 603
ケース2	総エネルギー量（GJ/m^2）	0	29.029	58.058	116.115

(2) 長繊維不織布の促進耐候性試験による評価

サンシャインウエザオメーターによる促進暴露試験後の試料の貫入抵抗，目付量，貫入抵抗500Nになるまでの推定年数を**表-5.4.2**，**図-5.4.1**に示す。

表-5.4.2　目付量別にみた促進暴露試料の貫入抵抗，変化率，貫入抵抗 500 N に至るまでの推定年数

		貫入抵抗（N）		1 000 hr 後変化率（%）	貫入抵抗 500 N 時	
		初期値	1 000 hr 後		変化率（%）	推定年数（年）
目付量 (g/m²)	450	952	801	15.9	47.5	8.89
	550	950	737	22.4	47.4	(6.28)
	578	1 020	876	14.1	51.0	10.72
	620	1 160	1 010	12.9	56.9	13.07
	662	1 020	823	19.3	51.0	(7.84)
	713	1 010	923	8.6	50.5	17.42
	769	962	784	18.5	48.0	(7.71)
	840	1 590	1 430	10.1	68.6	20.24
	平均	—	—	15.2	—	—

注）（　）は特異点として解析から外した。

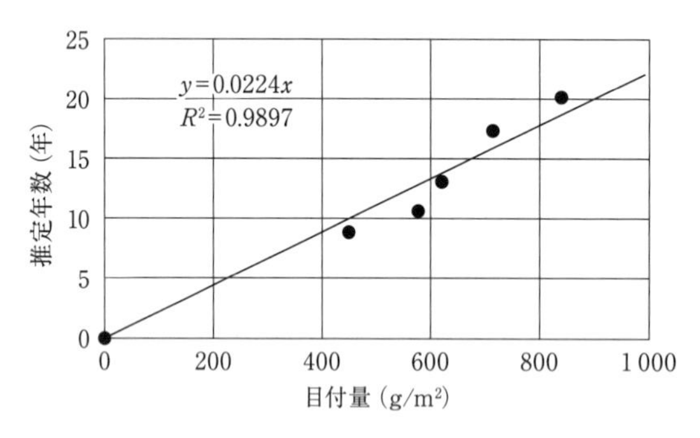

図-5.4.1　貫入抵抗 500 N に至るまでの推定年数と目付量の関係

表-5.4.2 より，促進暴露 1 000 時間で貫入抵抗は平均約 15 %の変化が認められた。促進暴露 1 000 時間は屋外暴露約 3 年に相当することより，保持率 40 %に相当する年数は約 12 年と推察される。また，**図-5.4.1** から貫入抵抗が 500N になるまでの年数は，目付量 400 g/m² の場合で約 9 年，目付量 600 g/m² の場合で約 13 年と推定できる。

(3) 反毛フェルトの促進耐候性試験による評価

日本遮水工協会認定品の認定品であっても，促進暴露試験 1 000 時間では製品のバラツキが大きく規則性を確認できるデータとなっていなかった。そこで，3 000 時間の促進暴露試験と屋外暴露 15 年経過後のサンプリングでの試験結果を**表-5.4.3**，**表-5.4.4** および**図-5.4.2** に示す。初期の引張強さは 1 100 N/5 cm で，目付量は 1 782 g/m² (厚みは 10.4 mm）である。

表 -5.4.3 K 県最終処分場の総日射量

種類	経過時間		全天日射量（MJ/m^2/day）	累積日射量（MJ/m^2/ 年）	平均気温		向き（向きによる日射量の比）		暴露状態	総日射量（MJ/m^2/ 年）
	年	t(日)	g	$g \cdot t$	T(℃)	$\alpha_1=2^{(T-15)/10}$	向き	α_2	α_3	$\alpha_1 \cdot g \cdot t$
反毛フェルト	15	5 475	14.5	79 388	17.8	1.21	南	1.26	1.0	121 454

注） 総日射量の考え方をベースに総日射量 121 454 MJ/m^2 とする。

表 -5.4.4 促進暴露時間と引張強さ保持率

時間	h_r	0	500	1 000	1 500	2 000	3 000	7 938 *
総日射量	GJ/m^2	0	7.65	15.30	22.95	30.60	45.90	121.45
引張強さ保持率	%	100.0	100.9	102.7	99.1	100.9	94.5	89.5
補正引張強さ保持率	%	100.0	95.9	94.9	94.1	93.6	92.6	89.8**

* 1 000 hr × 121.45 GJ/m^2/15.30 GJ/m^2=7 938 hr

補正引張強さ保持率は，サンシャインウエザオメーター（オープンフレームカーボンアークランプ）促進暴露耐候性試験結果から保護マットの強度低下量は耐候性試験時間の 1/3 乗と比例関係に近いことが確認されている。そこで，保護マット強度（N/m）を保護マット質量（g/m^2）で除した値に，紫外線透過率を考慮した保護マット密度で除した値を保護マットの基本強度係数（m^4/N）とし，耐候性試験時間の 1/3 乗に比例するようにフィッティングさせるための係数として劣化換算係数を 150（N^2/m^5）として求めたものである。

（＊＊の計算根拠）

基本強度係数(m^4/N) ＝{強度(N/m)/ 質量(N/m^2)}/ 密度(N/m^3) =22 000/17.46/1 679=0.75

質量(N/m^2)＝ 単位面積重量(g/m^2) × 9.8 N/1 000 g=1 782 g/m^2 × 9.8 N/1 000 g=17.46

密度(N/m^3)＝ 質量(N/m^2)/ 厚さ(m) =17.46/0.0104=1 679

推定低下強度(N/m)＝ 劣化換算係数(150 N^2/m^5) × 基本強度係数(m^4/N) × $\sqrt[3]{(促進暴露時間)}$

$=150 \times 0.75 \times \sqrt[3]{7\,938}=150 \times 0.75 \times 19.95=2\,244$

推定強度保持率 ＝(22 000-2 244)/22 000=0.898

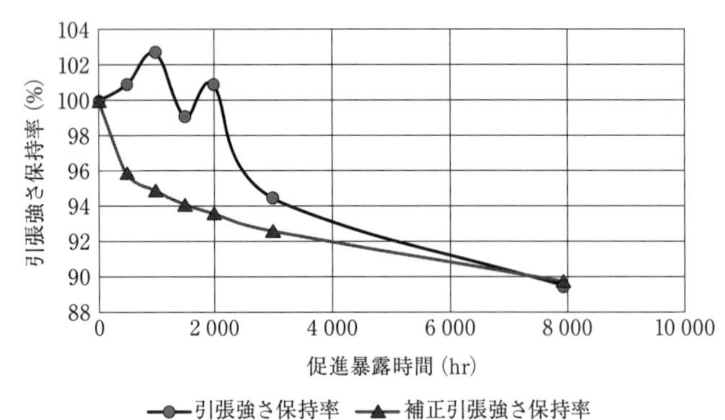

図-5.4.2　促進暴露時間と引張強さ保持率の劣化曲線

上記の結果より，合成繊維を用いた短繊維不織布では，15年相当（76.5 GJ/m^2）以上の使用においても十分な強度を有していると考えられる。

表-5.4.5 および **図-5.4.3** に示す反毛フェルト一般品（目付量 1 200 g/m^2，初期貫入抵抗 600 N）のモデルケースによる推定結果では，3 000時間（約9年相当）で500 Nを下回ることが予測される。したがって，遮光性保護マットでは，貫入抵抗 700 N 以上のものを採用することが望ましい。

表-5.4.5　モデルケースにおける引張強さ保持率，貫入抵抗の時間推移

促進暴露時間（hr）	項目	単位	0	500	1 000	2 000	3 000	5 000	7 500
短繊維不織布（市販品最小値）	引張強さ保持率	%	100	91.4	89.2	86.3	84.3	81.4	78.8
	最小貫入抵抗	N	1 000	914	892	863	843	814	788
短繊維不織布（補正値）	引張強さ保持率	%	100	91.4	89.2	86.3	84.3	81.4	78.8
	貫入抵抗	N	1 200	1 097	1 070	1 036	1 012	977	946
反毛フェルト（市販品最小値）	引張強さ保持率	%	100	91.4	89.2	86.3	84.3	81.4	78.8
	最小貫入抵抗	N	700	640	624	604	590	570	552
反毛フェルト（補正値）	引張強さ保持率	%	100	91.4	89.2	86.3	84.3	81.4	78.8
	貫入抵抗	N	600	548	535	518	506	489	473

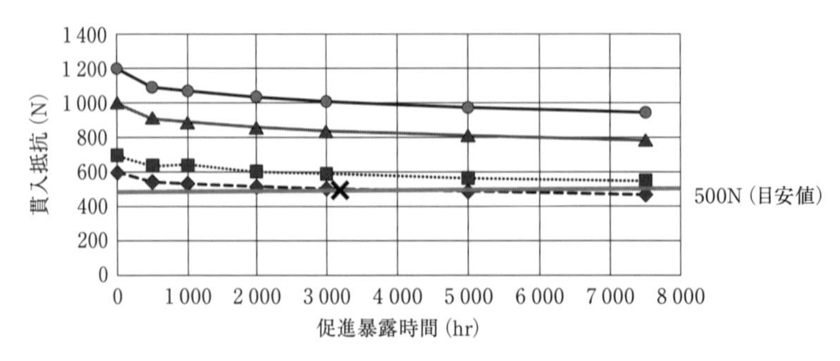

図-5.4.3　反毛フェルト，短繊維不織布の貫入抵抗と促進暴露時間の関係

5.4.2　現地調査データによる保護マットの耐久性評価

第 4 章 4.4.2 項で 1.6〜21 年経過した現場サンプリングによるデータを示した。現場サンプリングによる試料を総日射量（MJ/m²）と物理特性（引張強さ，貫入抵抗）を関連付けて耐久性評価を実施した。現場サンプリング場所と総日射量（MJ/m²）を**表 -4.4.3**，現場サンプリング試料の物理性能を**表 -4.4.4** に示した。

(1)　長繊維不織布の引張強さ保持率とエネルギー量との関係

表 -4.4.4 の長繊維不織布 400 g/m² タイプの引張強さ保持率（%）とエネルギー量（GJ/m²）の関係を**表 -5.4.6** および**図 -5.4.4** に示す。

図 -5.4.4 より，目付量 400 g/m² の長繊維不織布の引張強さ保持率 40 % を耐久性の目安とした場合，相当総日射量は，37.45 GJ/m²（総エネルギー量 155.38 GJ/m²）となる。日本の年平均日射量は 5.15 GJ/m² *（総エネルギー量 15.76 GJ/m²）より約 7〜10 年の耐久性があると推定される。

＊　2012〜2021 年の平均日射量，平均気温 15.4 ℃補正有

表 -5.4.6　引張強さ保持率とエネルギー量

試料番号	M1	M2	M3	M4	M5	M6	M7	M9
総日射量（GJ/m²）	21.58	24.18	17.98	11.16	7.35	8.24	6.11	8.65
総 E 量（GJ/m²）	86.53	89.35	82.57	27.30	23.98	24.75	22.90	29.80
引張強さ保持率（%）	46.3 *	61.5	68.6	79.2	80.6	79.7	83.6	79.8

注）　＊は解析から除外

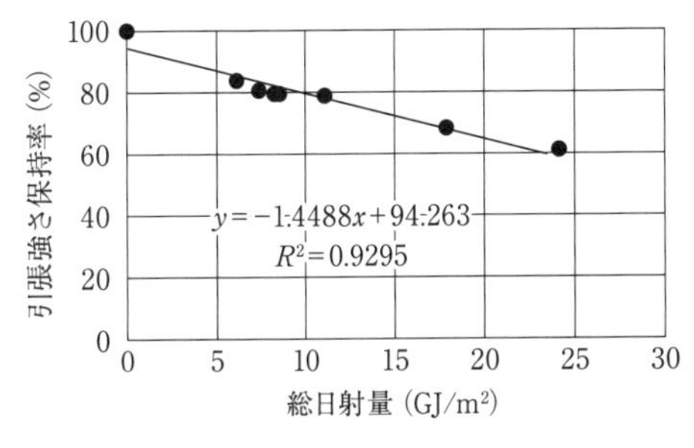

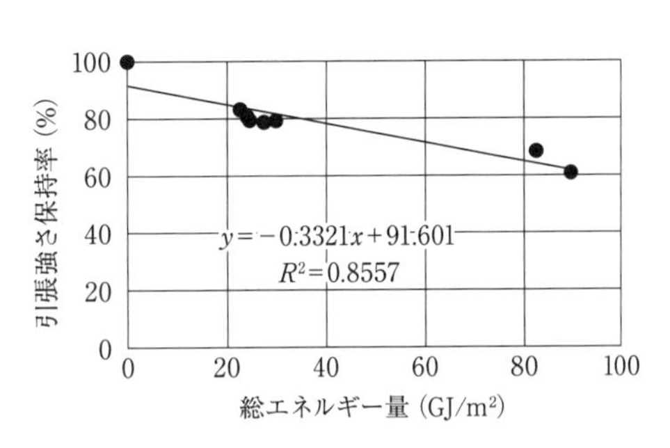

図 -5.4.4　引張強さ保持率とエネルギー量の関係（左：ケース 1，右：ケース 2）

表 -5.4.7　長繊維不織布引張特性による寿命推定

最低値	R^2	回帰式	相当エネルギー量(GJ/m²)	相当年数(年)
ケース 1	0.9295	$y=-1.4488\,x+94.263$	37.45	7.3
ケース 2	0.8557	$y=-0.3321\,x+91.601$	155.38	9.9

(2) 長繊維不織布の総日射量と貫入抵抗との関係

表-4.4.3 に示した長繊維不織の試料番号 M10～M15 における総日射量と貫入抵抗（*N*）および引張強さ（*N*/5 cm）の関係を**表-5.4.8** および**図-5.4.5** に示す。

表-5.4.8　エネルギー量と貫入抵抗および引張強さ

試料番号	M10	M11	M12	M13	M14	M15
総日射量（GJ/m²）	87.98	96.49	104.06	111.63	69.53	77.91
総 E 量（GJ/m²）	252.73	260.19	266.82	273.46	263.07	271.75
貫入抵抗（N）	616	436	274	117	820	659
引張強さ（N/5 cm）	733	334	240	56	1068	845

注）M14 および M15 はスポンジ層付きであるので解析対象外とした。

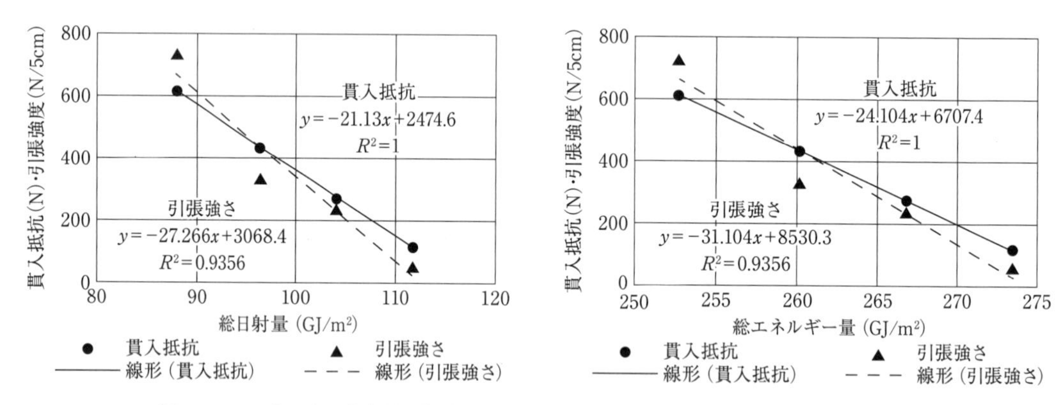

図-5.4.5　エネルギー量と貫入抵抗および引張強さの関係（左：ケース 1，右：ケース 2）

図-5.4.5 の回帰式より，貫入抵抗 500 N および引張強さ 596 N/5 cm になるまでの屋外暴露年数を推定すると相当総日射量は，約 90 GJ/m² (総エネルギー量約 250 GJ/m²）となる。日本の年平均日射量は 5.15 GJ/m² (総エネルギー量 15.76 GJ/m²）より約 17 年以上の耐久性があると推定される。

表-5.4.9　長繊維不織布高耐候性処理品の寿命推定

項目		最低値	R^2	回帰式	相当総日射量(GJ/m²)	相当年数(年)
ケース 1	貫入抵抗	500N	1	$y=-21.13x+2474.6$	93.45	18.1
	引張強さ	596N/5cm*	0.9356	$y=-27.266x+3068.4$	90.67	17.6
ケース 2	貫入抵抗	500N	0.9356	$y=-31.104x+8530.3$	258.18	16.4
	引張強さ	596N/5cm*	1	$y=-24.104x+6707.4$	253.54	16.1

＊　引張強さと貫入抵抗の相関関係より算出。

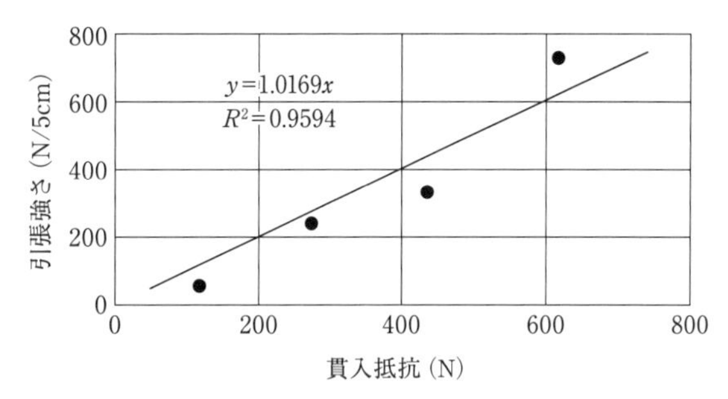

図 -5.4.6 総日射量と引張強さおよび貫入抵抗の関係

上記結果より，特性目安値までの耐用年数を**表 -5.4.10** に示す。

表 -5.4.10 長繊維不織布の寿命推定

種類	特性目安値	相当年数（年）
長繊維不織布（目付量 400 g/m^2）	引張特性保持率 40 %	7～10
長繊維不織布高耐候性処理品*	貫入抵抗 500N	16～18

＊ 長繊維不織布高耐候性処理品については初期データが不明なため引張特性保持率は算出していない。

(3) 短繊維不織布の総日射量と特性変化率との関係

表 -4.4.4 の試料番号 67 以降より，引張強さ（N/5 cm）と貫入抵抗（N）の関係を**表 -5.4.11** および**図 -5.5.7** に示す。引張強さは，縦・横を区分しても意味がないので，縦・横の平均値を引張強さとした。また，総日射量と貫入抵抗（N）および引張強さ（N/cm）の関係を**図 -5.4.8** に示す。

表 -5.4.11 総日射量と貫入抵抗および引張強さの関係

試料番号	67 68	69 70	71	89	93	83	85	86
総日射量（GJ/m^2）	65.53	62.55	47.36	96.85	125.54	—	—	—
総 E 量（GJ/m^2）	269.83	265.78	245.18	314.33	338.80			
厚さ（mm）	9.2	9.0	11.7	9.1	9.3	8.6	5.8	8.0
貫入抵抗（N）	1 345	954	1 620	1 262	1 206	1 056	498	966
引張強さ（N/5 cm）	1 151	842	1 433	1 165	903	742	399	701

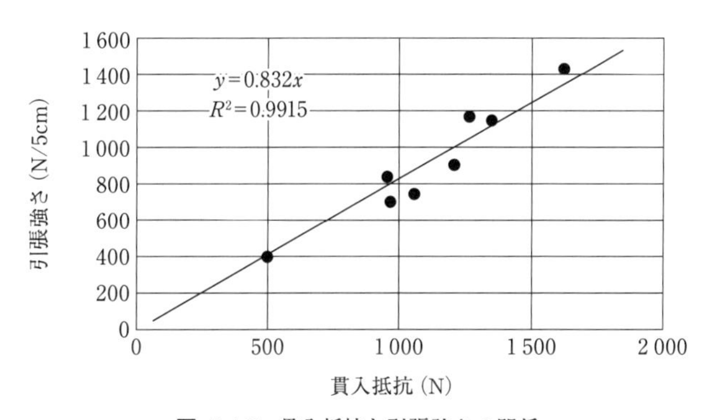

図 -5.4.7 貫入抵抗と引張強さの関係

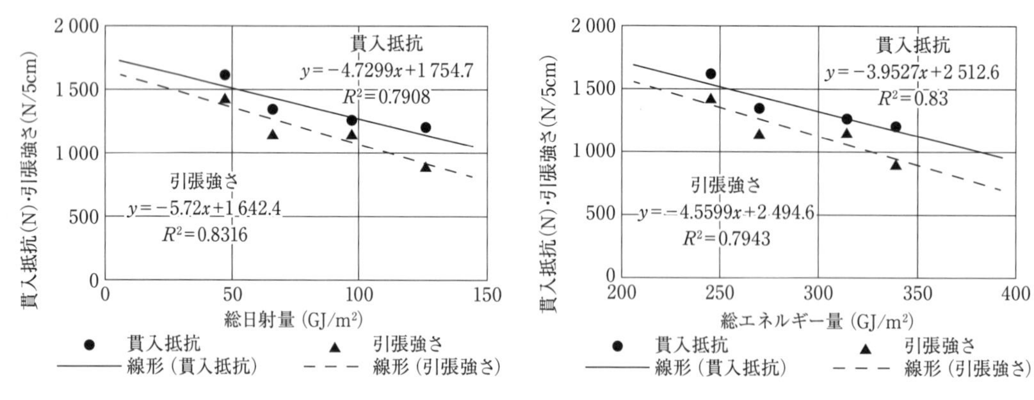

図-5.4.8　総日射量と貫入抵抗および引張強さの関係（左：ケース1，右：ケース2）

図-5.4.8の回帰式より，貫入抵抗500 Nおよび引張強さ416 N/5 cmになるまでの屋外暴露年数を推定すると相当総日射量は，約200 GJ/m²（総エネルギー量約450 GJ/m²）となる。

日本の年平均日射量は5.15 GJ/m²（総エネルギー量15.76 GJ/m²）より約30年以上の耐久性があると計算上は推定されるが，実現場での実績はない。短繊維不織布は厚さが10 mm以上あり，材料劣化は表面層より起こることによる材料そのものの劣化年数で，機能としては接合部の耐久性を加味する必要がある。

表-5.4.12　短繊維不織布の寿命推定

項目		最低値	R^2	回帰式	相当総日射量(GJ/m²)	相当年数(年)
ケース1	貫入抵抗	500 N	0.7908	$y=-4.7299\,x+1754.7$	265.27	51.5
	引張強さ	416 N/5 cm *	0.8316	$y=-5.72\,x+1642.4$	214.41	41.6
ケース2	貫入抵抗	500 N	0.8300	$y=-3.9527\,x+2512.6$	509.17	32.3
	引張強さ	416 N/5 cm *	0.7943	$y=-4.5599\,x+2494.6$	455.84	28.9

*　貫入抵抗500 Nを保持できる引張強さは，相関関係より416 N/5 cmとなる。

(4) 現場の状況を踏まえた耐久性

以上の結果を整理すると，保護マットの耐久性は**表-5.4.13**のように考えることができる。現場での保護マットの適用場所において，下層や中間層，底部等では，遮水シートの下や保護土の下に配置されるので，直接日射の影響や，降雨，降雪，温度等の影響も受けにくい。現場での設置状況で保護マットの耐久性で一番影響を受けやすい部位は，法面部や擁壁部等の廃棄物の埋立前に直接暴露される遮光性保護マットに限定できる。

本書のデータから保護マットの母材は，15～20年程度の耐久性を有しているものと考えられるが，実際の現場では上記年数に到達するまでに劣化，破損が散見されている。特に表面に暴露された部位は，気象条件（日射，温度，降雨・降雪），乾湿収縮，埋立引き込み荷重，鳥獣類などの影響もある。特に保護マットの接合部の剝がれなどの事例があるように，日常管理に加え，定期的な専門家による機能検査を実施し，状況により，遮光性保護マットの補修や取り換えなど実施し，適切な維持管理により遮水工の機能を維持することが肝要である。

表-5.4.13　保護マットの耐久性

種　類	長繊維不織布	短繊維不織布	反毛フェルト
促進耐候性試験	9 年以上 (400 g/m²)	15 年以上 (1 200 g/m²)	9 年以上 (1 200 g/m²)
屋外暴露サンプリング	7～10 年以上 (高耐候性処理) 16～18 年以上	—	—
総合耐用年数	材料は安定しており，10 年程度は期待できる。目付量に影響する。	100 %合成繊維であればかなり期待できる。厚みが厚いため，接合部の安定性が懸念される。	材料そのもののバラツキが大きく，10 年程度とみなされる。厚みが厚いため，接合部の安定性が懸念される。

5.5　遮水シート耐久性に係る文献

5.5.1　HDPE の耐用年数

HDPE 遮水シートの耐用年数は，通常，**図-5.5.1** に示すように 3 段階の劣化モデル（Hsuan and Koerner, 1998）を使用して，各段階の時間を合計したもので評価されている。

ステージⅠ：酸化防止剤（0.5～1 %添加）の失効期間

ステージⅡ：ポリマー分解の開始期間

ステージⅢ：保持率 50 %に至るまで期間

ステー ジⅠ，ⅡおよびⅢの間の境界は，実際には，**図-5.5.1** で示されるほど明確ではなく，ステージⅡおよびⅢの終了は，パラメータ（例えば，破断時の強度，破断時の伸び，ストレスクラックなど）に応じて変化する。ここでは，力学的性能が当初の 50 %まで落ちる時点を半寿命（Half-life）と称して性能限界として検討している。

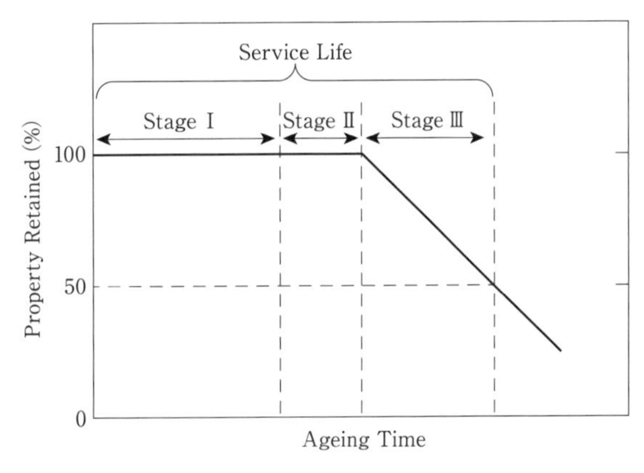

図-5.5.1　HDPE の劣化モデル図[5)]

(1) 遮水シートの劣化評価の試験項目

遮水シートの劣化評価尺度には垣に示すように種々あるが，遮水シートの特性に合わせた評価をする必要がある。

① OIT 試験（酸化誘導時間：Oxidation Induction Time）
　酸化防止剤が失効するまでの時間を測定

② 結晶化度
　ポリマー中の結晶化領域の量を測定

③ MI（メルトインデックス：melt index）
　溶融状態のポリマーの流動特性を測定

④ SCR（耐応力亀裂：Stress Cracking Resistance または ESC：Environmental Stress Cracking）
　ポリマーに生じる内部，外部応力によるストレスクラックの測定

⑤ 引張特性

⑥ 表面観察
　X 線光電子光法，エネルギー分散型 X 線分光法，走査型電子顕微鏡により観察。

ステージ I における酸化防止剤失効年数を**表-5.5.1** に示す。**表-5.5.1** より，HDPE 遮水シートの場合，合成浸出水浸漬による影響が高いといえる。HDPE 遮水シート（厚さ 2 mm）は，約 2.5 % のカーボンブラックと微量の酸化防止剤が配合されているものを使用している。

表-5.5.1　ステージ 1 における酸化防止剤失効年数例[6)]

条件	20 ℃	35 ℃	50 ℃
気中暴露（年）	165～190	55～65	20～25
水中浸漬（年）	85～95	30～35	15
合成浸出水浸漬（年）	20～25	10	4～5

引張特性および SCR（Stress Crack Resistance）における耐用年数推定値を**表-5.5.2** に示す。**表-5.5.2** より，HDPE 遮水シートの場合 SCR による特性が大きいといえる。SCR は，HDPE 固有の特性で，評価項目の一つとなっている。

表-5.5.2　試験項目別 HDPE 遮水シートの耐用年数の推定[6)]

試験項目	合成浸出水に浸漬された遮水シートの耐用年数		
破断時の引張強さ	335～380 年		
破断時の伸び	190～250 年		
ストレスクラック（SCR）	20 ℃	35 ℃	50 ℃
	700～1 000 年	50～225－375 年	40～50－90 年

各温度における SCR の変化率による耐用年数の推定値を**表-5.5.3** に示す。

表-5.5.3 SCR による温度別浸出水浸漬 HDPE 遮水シートの耐用年数推定[6]

温度（℃）	Stage Ⅱにおける SCR の変化		
	25 %（年）	50 %（年）	75 %（年）
20	1 180－1 055	855－830	695－685
35	225－215	180－180	150－150
50	50－50	45－45	40－40

5.5.2 各種遮水シートの耐用年数

(1) 遮水シートの配合

遮水シートの一般的な配合組成を**表-5.5.4** に示す。カーボンブラックは紫外線による損傷を受けないため，カーボンブラックの含有は，ポリマーの柔軟性，機械的強度，および隠蔽性に悪影響を及ぼす紫外線の破壊的吸収を遅くする，あるいは阻止する効果がある。特に樹脂製品については，スペックにカーボンブラック量が規定されている場合があり，遮水シートが黒色なのはこのためである。また，遮水シートに白色のものがあるが，これはカーボンブラックの代わりに高い屈折率を持ち紫外線を物理的に反射・散乱させることによって紫外線防御剤として機能する無機粉体・白色顔料（酸化チタンおよび酸化亜鉛）が使用されている。添加剤には酸化防止剤や老化防止剤等が処方されている。

表-5.5.4 遮水シートの種類と配合処方（重量%）[7]

種類	樹脂量	可塑剤	充填剤	カーボンブラック	添加剤
HDPE	95－98	0	0	2－3	0.25－1
LLDPE	94－96	0	0	2－3	0.25－3
fPP	85－98	0	0－13	2－4	0.25－2
PVC	50－70	25－35	0－10	2－5	2－5
CSPE	40－60	0	40－50	5－10	5－15
EPDM	25－30	0	20－40	20－40	1－5

HDPE：high density polyethylene
LLDPE：linear low density polyethylene
fPP（TPO-PP）：flexible polypropylene
PVC：polyvinyl chloride（plasticized）軟質塩ビ
CSPE：chlorsulfonated polyethylene
EPDM：ethylene propylene diene terpolymer

(2) 遮水シートの一般的性能

遮水シートの一般的性能を**表-5.5.5** に示す。遮水シートの耐久性を評価するときは，劣化現象は表面層より起こることから，遮水シート厚さの影響を考慮する必要がある。

表-5.5.5　遮水シートの一般的性能[8)]

種類	GRI	厚さ（mm）	OIT（min.）	引張強さ（kN/m）	伸び率（%）
HDPE	GM13	1.5	67	56.6	750
LLDPE	GM17	1	21.1	38.7	760
fPP	GM18	1	7.2	14.3	600
EPDM	GM21	1	0	10	640
PVC（Euro）	独自	2.5	5.9	47.2	400

(3) 遮水シートの耐用年数の推定

GRI Report #42（Part I, 2012）の「室内紫外線照射による遮水シートの耐用年数推定」によれば，引張強さまたは伸び率の50 %低下時の遮水シートの耐用年数推定が報告されている（**表-5.5.6**）。遮水シートは実暴露状態で引張特性保持率が50 %になるポイントで30～50年 以上（ただし，PVCを除く）の耐久性が推定されている。

遮水シートの厚さがHDPEを除いて1 mm程度であるが，実際に使用される遮水シートの厚さは1.5 mm以上なので，表面劣化を考慮すれば約1.5倍（ただし，HDPEを除く）の耐久性が見込まれると考えられる。

表-5.5.6　引張強さまたは伸び率50 %低下時の遮水シートの耐用年数推定[9)]

遮水シート種類	呼称厚さ（mm）	適用仕様	50 %保持率*（照射時間）	耐用年数推定（年）	1.5 mm換算推定年数（年）
fPP（TPO-PP）	1.00	GRI-GM18	40 000	33	49.5
HDPE	1.50	GRI-GM13	~60 000	約50	約50
LLDPE	1.00	GRI-GM17	40 000	33	49.5
EPDM	1.14	GRI-GM21	37 000	30	39.5
PVC-N.A.	0.75	ASTMD7171	8 000	7**	14
PVC-Euro	2.50	proprietary	38 000	32	19.2

＊　紫外線蛍光試験機使用（光源波長350 nm，70 ℃，20時間照射 / 日）
＊＊　土中埋没にのみ適用
注）GRI：global-reporting-initiative

IGSでは，遮水シートの引張特性保持率40 %を一つの目安としており，遮水シート材料の耐久性は50年以上あり，被覆状態であれば劣化はさらに緩慢になるといえる。また，「50年曝露された合成ゴム系遮水シートの物性変化[10)]」によれば，遮水シートの引張特性は，水中に存在していれば，50年を経過しても初期値の約8割程度を保持していることを明らかにしている。最終処分場では遮水シート上下に保護マットがあるが，本池では遮水シート下は土壌，上は水（水深約1 m）となっている。水深は浅いので若干なりとも日射の影響は受けていると推定され使用条件は異なるが，被覆状態であれば遮水シートの耐久性は向上するものと推察される。

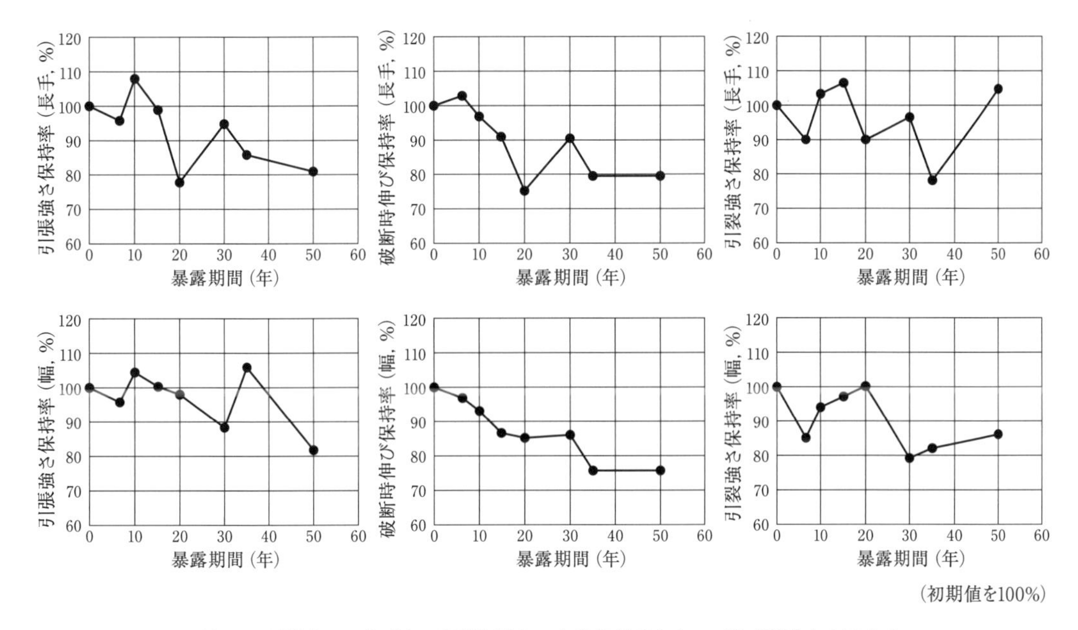

（左から引張強さ，伸び率，引裂き強さ，上段が長手方向，下段が幅方向を示す。）

図-5.5.2　経年後の引張特性保持率

5.6 耐久性（耐用年数）の推定

遮水シートへの入力エネルギーと特性保持率の関係式の妥当性の確認が出来た段階で，次のステップとして特性保持率の変化の許容値（上限）を設定する必要がある。先にも述べたように，現段階では遮水シートに要求される性能（遮水性能）を，直接，特性値として用いることは困難である。また，この遮水性能との関連が明らかで，かつ，評価が容易な特性値も確定されていない。

本書では，特性値の変化が，最も敏感であった引張試験における破断時の伸び率を評価する特性値として選択した。また，許容値の範囲としても，本来，遮水性能との関連が根拠となるべきである。遮水シートの遮水性能の耐久性を，どの特性を基に評価すれば最も合理的であり，特性変化率の許容値はどの程度の範囲を設定すればよいかは，今後さらに検討していくことが必要である。

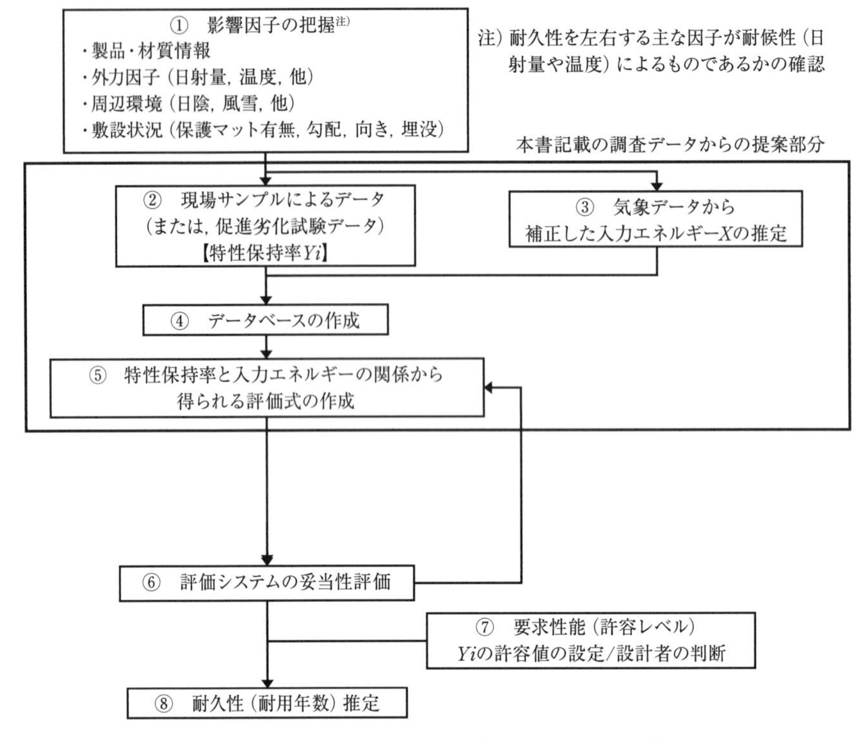

図-5.6　遮水シートの耐久性（耐用年数）の評価手順

参考文献

1) 富坂崇：第13章高分子系建築材料の劣化，高分子材料の長寿命化と環境対策，シーエムシー，pp.213-232，1990

2) WOLFRAM SCHNABEL 著，相馬順吉訳：高分子の劣化－原理とその応用－，裳華房，1993

3) 大石不二夫：高分子材料の耐久性，工業調査会，1993

4) 大石不二夫，成沢郁夫：プラスチック材料の寿命－耐久性と破壊－，日刊工業新聞社，1987

5) R.K. Rowe, M.Z. Islam：Impact of landfill liner time-temperature history on the service life of HDPE geomembranes, Waste Management, 29, 2689-2699, 2009

6) R.K.Rowe, S.Rimal, H.Sangam：Ageing of HDPE geomembrane exposed to air, water, and leachate at different temperatures/Geotextiles and Geomembranes 27，137-151，2009

7) Robert M. Koerner, George R. Koerner, Y.（Grace）Hsuan and W. K.（Connie）Wong：GRI Report #42 /Lifetime Prediction of Laboratory UV Exposed Geomembranes：Part I - Using a Correlation Factor, 2012

8) Robert M. Koerner, Y. Grace Hsuan and George R. Koerner：GRI White Paper #6 -on - Geomembrane Lifetime Prediction：Unexposed and Exposed Conditions, 2011

9) Robert M. Koerner, George R. Koerner, Y.（Grace）Hsuan：GRI Report #47/Lifetime Prediction of Laboratory UV Exposed Textile & Geomembranes：Part II - Using UV Fluorescent Laboratory Devices, 2019

10) 森充広，浅野勇，川邉翔平，川上昭彦：50年曝露された合成ゴム系遮水シートの物性変化，農業農村工学会誌，86（6），pp.493～496，2018

第６章
遮水工の信頼性向上に関する技術動向

6.1 遮水工の信頼性向上に向けた取り組み

廃棄物最終処分場は，周辺環境に配慮した長期信頼性の高いものでなければならず，また長期間にわたって供用される。遮水工の安全性についてはハード面，ソフト面に対しさまざまな検討が加えられてきたが，特に近年その安全は一義的ではなく多重による安全という考え方に沿ったシステムが要望されつつある。遮水工の信頼性向上に関する各方面の研究成果を基本に，技術動向について記述する。

6.1.1 熱画像リモートセンシングとICTを活用した高度な遮水工の管理技術

廃棄物最終処分場が安全・安心な施設として住民に認知され，社会に受容されるために最も重要な事項は，汚染事故を未然防止できる技術を導入することである。廃棄物最終処分場において，土壌汚染，地下水汚染を防止する役割を担っているのは，遮水シートからなる遮水工である。その施工では，日本遮水工協会の資格制度[1]に合格した高度な技術を有する熟練した施工者が十分に注意しながら遮水シート接合作業を行っているが，遮水シート接合部の検査法にはいくつかの課題が残されている。従来の検査方法として，目視外観検査，検査棒挿入法，加圧検査，負圧検査が用いられてきた。これらの検査法は，検査結果の記録が，合格あるいは不合格として記載されるのみであることや，接合部全数の品質を定量的に評価できるデータを残せないこと，加圧検査では接合不良部の位置を特定することができないことなどの課題があった。そのため信頼性向上のため，新たな検査方法が求められてきた。

熱画像リモートセンシングを活用しICT（情報通信技術）にも対応した新たな遮水シート接合部の検査技術「熱画像リモートセンシングによる遮水シート接合部検査法」が開発された（例えば，文献2）～4)）。有効性の検討，実証が行われており，開発された技術は日本全国の立地条件の異なる廃棄物最終処分場などの接合部検査に適用されている（**図-6.1.1**）。なお，この技術は,「社会に受容される安心・安全な廃棄物最終処分場の建設を確実とする遮水シート接合部検査技術の開発と実用化」として，土木学会より2020年度の環境賞を受賞している[5]。遮水シートの接合方法には熱融着と接着があり，材質によって選択される。近年，多く用いられているのは熱融着である。熱融着接合は，数百度に加熱された融着機の熱コテに2枚の遮水シートを接触させ，融解，圧着する方法である。この過程で遮水シート接合面は高温となり，接合面からの伝熱により直上部の表面温度が周囲より高くなる。遮水シート融着機の設定ミスや故障等による接合部への熱供給不足等が発生すると，接合部の強度が低下し，接合不良が発生する。引張強度と接合部表面温度の関係の一例を**図-6.1.2**に示す。このときの接合部表面温度は，正常に接合された場合と比較して低温になるため，遮水シート接合部の温度を熱画像リモートセンシングにより把握することで，接合不良箇所を簡便かつ迅速に検出することが可能となる。

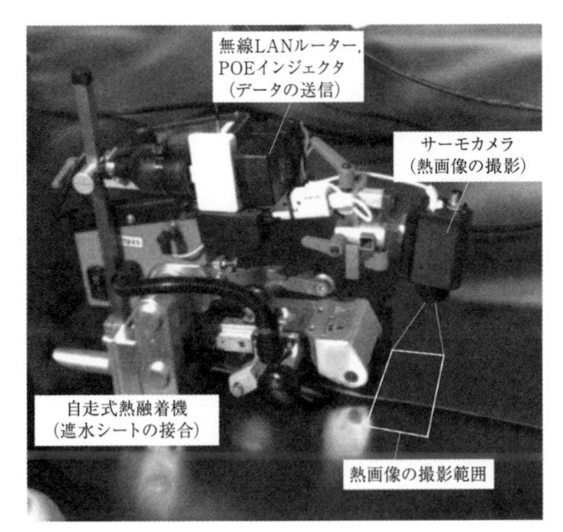

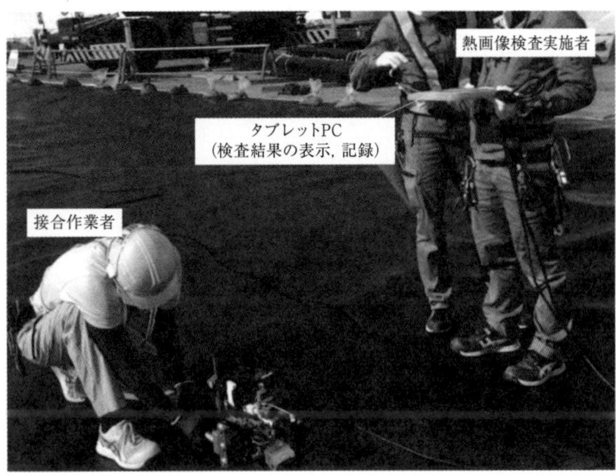

(左：自走式熱融着機に搭載した熱画像リモセン検査装置，右：遮水シートの接合と同時に検査を実施する様子)

図-6.1.1 遮水シート接合部の熱画像リモセン検査の実施状況

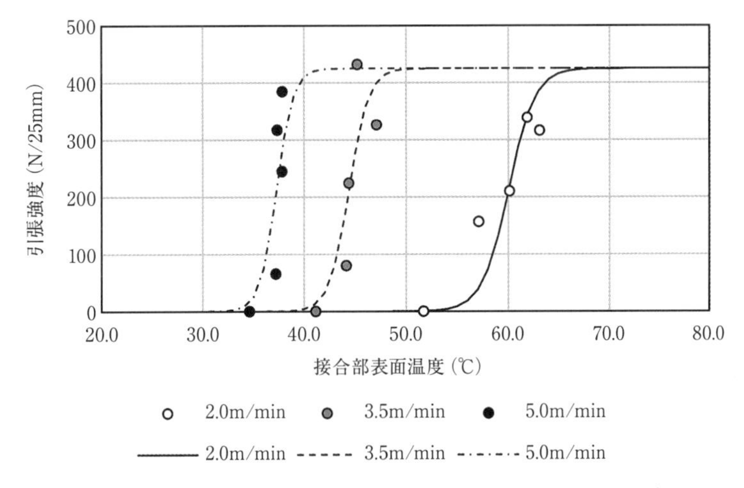

図-6.1.2 引張強度と接合部表面温度の関係（LLDPE，室温25℃）

図-6.1.3 に熱画像検査における合否判定フローを示す。**図-6.1.4** は遮水シート接合部の熱画像の表示例，**図-6.1.5** は接合部温度，閾値温度，環境温度の連続測定結果例である。

本検査法は，遮水シートの接合作業と同時に検査を実施できる。遮水シートのすべての接合ラインについて，温度（数値）と熱画像の検査結果を定量的なデータとして保存することも可能である。また，本検査法のシステムはスマートフォン等による遠隔操作，データ取得が可能であり，ICTにも対応している。以上の点から，本技術は既存検査法の課題を克服し，遮水工の信頼性のさらなる向上に貢献している。

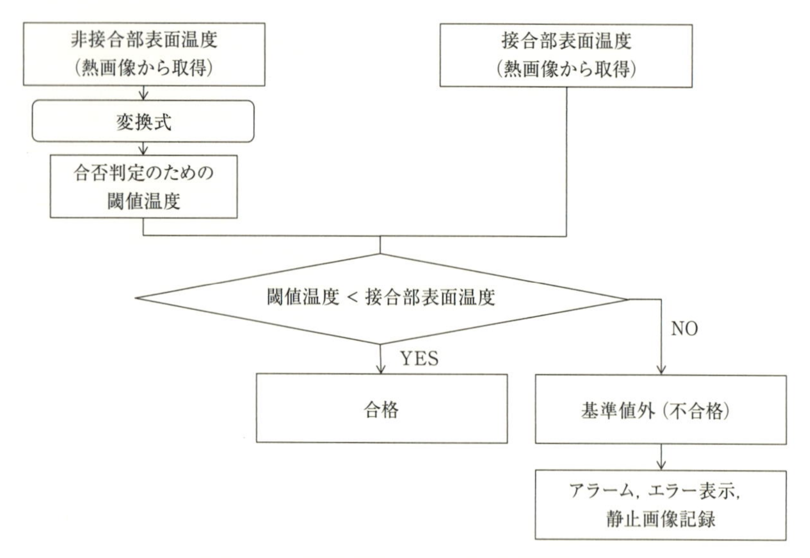

図-6.1.3　熱画像検査における合否判定フロー

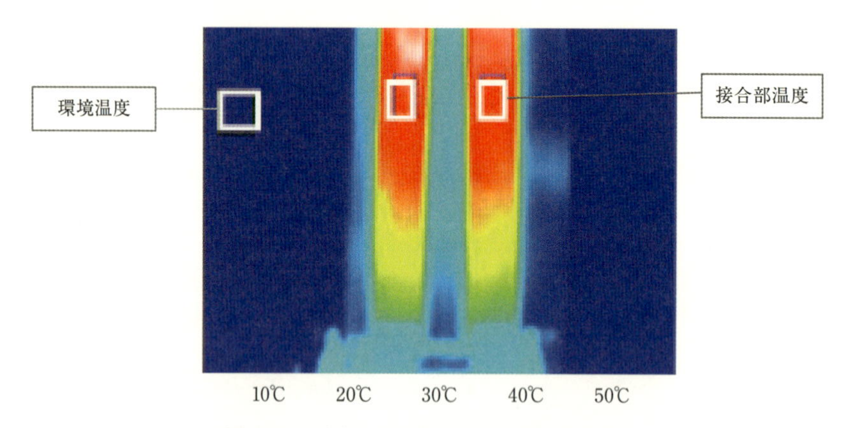

図-6.1.4　遮水シート接合部の熱画像の表示例

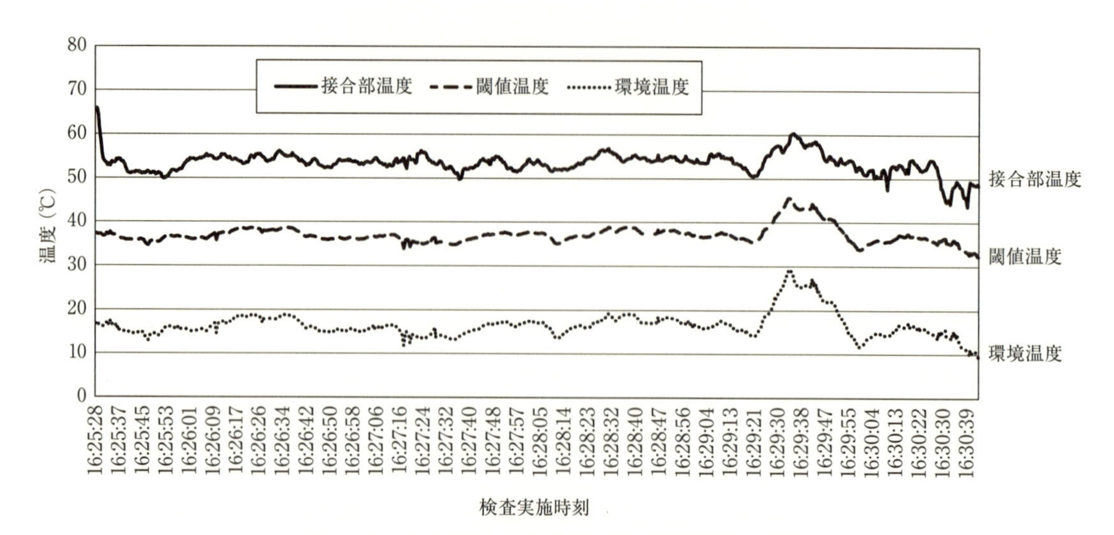

図-6.1.5　接合部温度，閾値温度，環境温度の連続測定結果

6.1.2 環境変化に対応した遮水工システムの構築

遮水構造の規定について，1998年の基準省令の改正で表面遮水構造の場合は原則として二層の遮水層を設けることとされ，（イ）遮水シート＋粘性土等，（ロ）遮水シート＋アスファルトコンクリート，（ハ）遮水シートを二重に敷設，またはこれらと同等以上の遮水の効力を有するものとなった。併せて，不透水性地層および粘性土の基準が厚さと透水係数によって明確に規定された。

・不透水性地層：厚さ5m以上，かつ透水係数 1×10^{-5}cm/s以下

・粘性土：厚さ50cm以上，かつ透水係数 1×10^{-6}cm/s以下

・アスファルトコンクリート：厚さ5cm以上，かつ透水係数 1×10^{-7}cm/s以下

今回の現場サンプリングによる遮水工材料の耐久性について，前章までの結果を総括すると次のことがいえる。

① 遮水工材料の経過年数は遮水シートで17～35年経過，遮光性保護マットで2～21年経過したものであり，遮水シートで35年以上，保護マットで21年以上の材質の耐久性はあるといえる。保護マットについては，保護機能面での耐久性としては7～15年程度であり，定期・不定期の機能検査により補修や取替更新の必要性を判断する。

② 各種遮水シートの引張特性は屋外暴露の経過年数が長くなるにしたがい低下しているが，その低下率は遮水シートの種類，使用場所によって異なっている。調査した現場では，いずれも遮水機能を満足していた。

③ 遮水シート表面が被覆されている場合には引張特性の低下率は少なく，延命化が図れることが証明された。

廃棄物最終処分場の長期使用が顕在化してきており，延命化を視野に長寿命化の対策が検討されている。一方，長寿命化を担保するための手段として，環境汚染リスクを最小限に抑えるための機能を備えた，多重安全（漏水通過時間確保機能と汚染軽減機能等）を担保する遮水構造が望まれている。一般に多重安全は遮水機能を補完するものであり，前述の二層の遮水層が損傷した場合の対応機能という観点からはバックアップ機能と言い換えてもよい[6)]。基本的な二層の遮水層にGCLなどを付加した例などがある。

(1) 多重安全を考慮した遮水構造の例

GCLや高分子系高吸水性材料の膨潤特性により，漏水の面的拡散を防いで漏水量を最小限に抑える効果，および小さな損傷箇所に対しては自己修復性により損傷部を塞ぐ効果がある。GCLは単独の遮水材として池等に使用されている例があるが，廃棄物最終処分場においては単独で用いられることはなく，バックアップ材として他の遮水シートを組み合わせた複合遮水システムとして使用される。

一般的にGCLや高分子系高吸収材は，粘性土遮水層と遮水シートの間や二重遮水シートの中間層または下層遮水シート下にバックアップ材として使用されている。欧米においては，複合遮水構造の中の1次遮水層を構成する粘土層の代替品としてベントナイト系遮水シートが採用されている

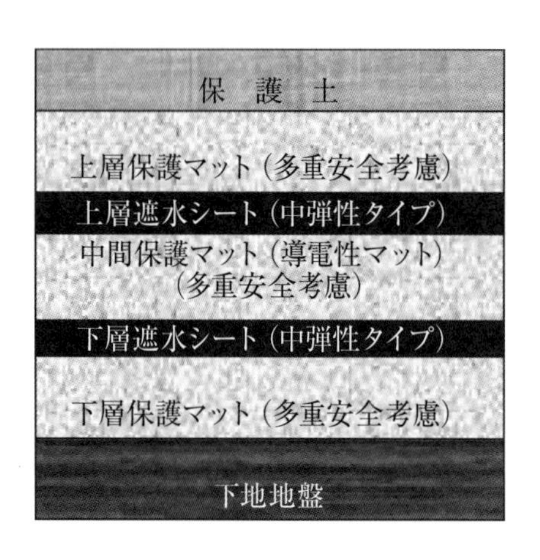

底面部提案図

法面部提案図

図-6.1.6　多重安全構造の例

例がある。多重安全構造例を**図-6.1.6**に示す。

最終処分場建設工事標準発注仕様書（土木建築編）では，遮水シートが損傷した場合の下層の仕様の違いによる漏水到達時間を試算している。これは遮水シートの修復までに必要な時間とも言い換えることができ，下層の透水係数と厚さが重要となる。汚染軽減機能は，単位時間当りの漏水量を一定以下に抑制し，許容限度以上の地下水汚染を生じさせないための機能であり，透水係数と埋立地内保有水の水位が重要である。**表-6.1.1**に各遮水層の透水係数と漏水到達時間の関係を示す。

表-6.1.1　各遮水層の透水係数と漏水到達時間および埋立地内保有水水位の関係[6)]

埋立地内保有水水位 1.0 m の場合の漏水到達時間

構　造	厚さ	透水係数	水位	漏水速度	漏水到達時間
粘性土	5 m	100 nm/sec	1 m	20 nm/sec	7.9 年
シート+粘性土	50 cm	10 nm/sec			289 日
シート+水密アスコン	5 cm	1 nm/sec			29 日

注）遮水工上面を基準面としてダルシー式で計算

漏水到達時間 1.6 年の場合の埋立地内保有水水位

構　造	厚さ	透水係数	水位	漏水速度	漏水到達時間
粘性土	5 m	100 nm/sec	5 m	100 nm/s	1.6 年
シート+粘性土	50 cm	10 nm/sec	0.5 m	10 nm/s	1.6 年
シート+水密アスコン	5 cm	1 nm/sec	5 cm	1 nm/s	1.6 年

注）遮水工上面を基準面としてダルシー式で計算

(2) 多重安全構造の留意点

多重安全構造を採用する場合は，次の点に留意する必要がある。

① 保護土は，遮水工の保護を目的としているので，材料は砂などの粒径の小さいものを用いることになっている。したがって，現地発生土を流用する場合には礫などの混在がないものを使用することに配慮する必要がある。

② ベントナイト系遮水シートを使用する場合は，止水効果が付加されていることから遮水シートと密着して使用される。したがって，ベントナイト粉塵などにより遮水シートの敷設や接合

に支障をきたさないよう配慮する必要がある。

③ 粘性土を用いる場合は，施工中の降雨による含水により粘性土の強度低下が発生し，遮水シート施工に支障をきたす恐れもあるので，施工管理に配慮が必要である。

④ 中間保護層には，機能性材料を併用することがあり，各機能が損なわれないように配慮する必要がある。

(3) ジオシンセティッククレイライナー（GCL）

GCL 製造方法や構成により 2 種類に大別される。

① ラミネートタイプ

HDPE・ベントナイト複合遮水シートは，高密度ポリエチレン（HDPE）シートの片面に粒状のベントナイトを接着させた二層構造の遮水シートで，HDPE の遮水性と優れた力学的強度および耐薬品性，ベントナイトの水膨潤による自己修復性を兼ね備えている。**図-6.1.7** に HDPE・ベントナイト複合遮水シートの例を示す。

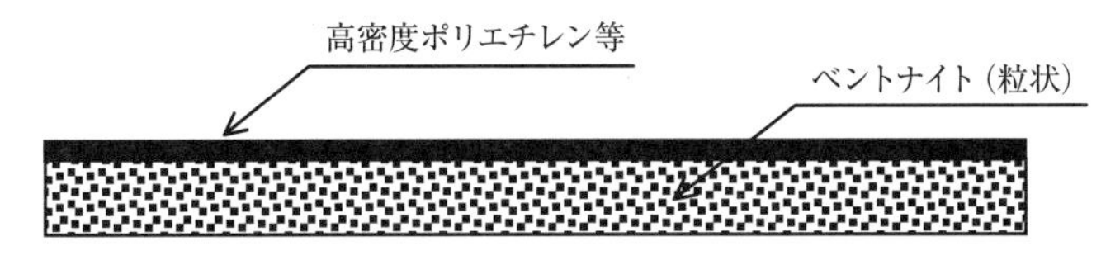

図-6.1.7 HDPE・ベントナイト複合遮水シートの例

② 拘束タイプ

繊維・ベントナイト複合遮水シートは，織布・不織布間にベントナイトを充填し，ニードルパンチにより拘束したものと，水で一度膨潤させたベントナイトを加圧して締固め，板状の緻密な粘土層に加工し，織布・不織布で支持したものがある。その例を**図-6.1.8** に示す。

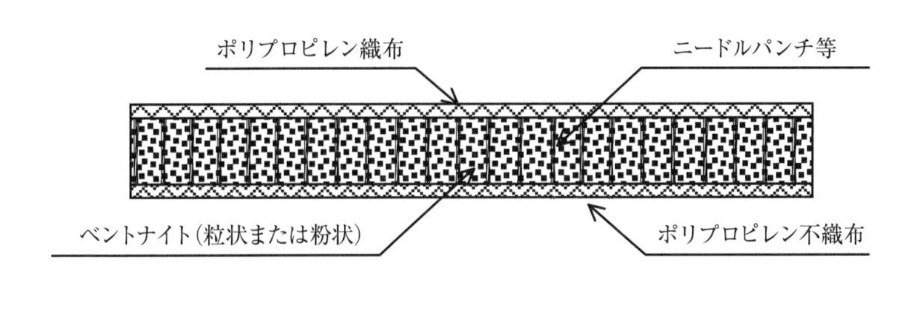

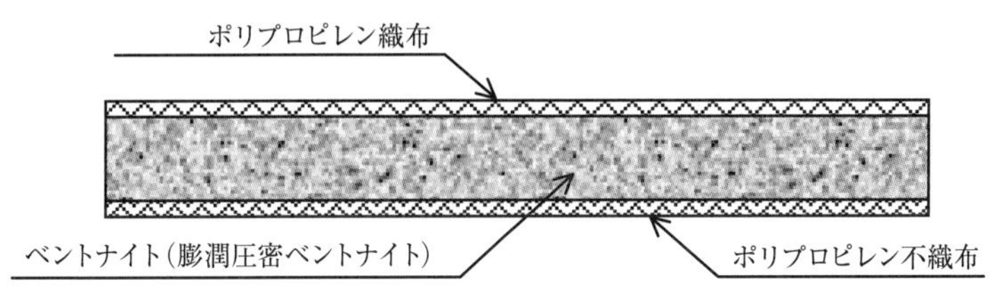

図-6.1.8 繊維・ベントナイト複合遮水シートの例

(4) 高分子系高吸収材

高分子系吸収体複合材料は，オムツなどに使用されている高吸水性樹脂や電線関連止水材などに使用されている高吸水膨潤性繊維など水膨潤性を利用したシート状の遮水材・自己修復材で，単独で基準省令に定める遮水シートとして用いることはできないが，二重遮水シートの間など遮水工と組み合わせることにより膨潤性や自己修復性，特に漏水の吸水速度が速く，厚み方向，横方向への拡散が少ないので，多重安全の確保に用いられている。

高分子系高吸収材は，使用される高分子材料の種類によって，以下のように分類することができる。

① 高吸水性樹脂タイプ

長繊維不織布2層の間に粒状の高吸収性樹脂（SAP：Super Absorbent Polymer）を散布し，この3層構造体のものをニードルパンチ工程により上下の不織布間で交絡させ，SAPをシート全体に均一に保持する複合体とする。また，施工中の吸水反応を抑制するためPEフィルムでコーティングしている。膨潤特性により，遮水シート損傷時に自己修復機能を発揮し漏水を防止する。**図-6.1.9**に高吸水性樹脂タイプの例を示す。

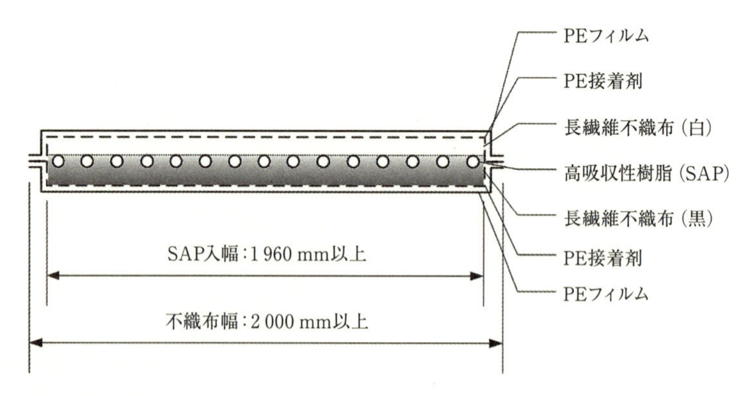

図-6.1.9　高吸水性樹脂タイプの例

② 高吸水膨潤性繊維タイプ

高吸水膨潤性繊維と合成繊維を混綿し，ニードルパンチでマット（不織布）化したもので，高吸水膨潤性繊維は吸水すると繊維の断面方向に膨潤する。

長繊維不織布などとさらに複合材料とすることで，引張強さや貫入抵抗を上げることができる。**図-6.1.10**に高吸水性樹脂タイプの例を示す。

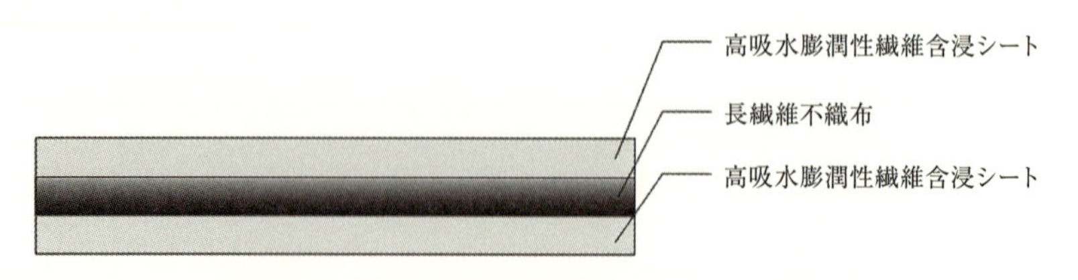

図-6.1.10　高吸水膨潤性繊維（積層）タイプの例

6.1.3　光ファイバ技術による新たな埋立地のモニタリング技術

埋立地管理のためのモニタリング情報は，集排水管末端での浸出水水質，埋立ガスの組成や流量，竪型集排水管内部等の情報に限られ限定的である。特に，埋立地内部（埋立廃棄物）と自然環境との境界である遮水工に関する面的な情報は皆無に等しい。しかし，高度かつ合理的に埋立地を管理する上で，埋立地内部および埋立廃棄物と基礎地盤境界でのモニタリングは不可欠である。埋立地と基礎地盤を隔て，土壌，地下水等の自然環境を保全している遮水シートおよびその周辺のモニタリングを光ファイバ技術によって可能にしようとする技術を紹介する。

(1)　埋立地の安定化と廃止

埋立地での生物・化学的反応が低下し，埋立地が安定化するとともに埋立廃棄物の温度は低下する。この埋立地の内部温度は，廃止基準項目の一つである。遮水シートの温度を光ファイバセンサによって二次元（面的）に温度分布を把握することで，埋立地の安定化の状況を把握することができる。また，二次元温度分布を用いて，遮水シートに作用する熱応力分布の算定が可能である。さらに，遮水シートの温度とドローンで得られる埋立地表面の温度を境界条件として，埋立地の三次元温度分布を計算することもできる。

(2)　遮水シートの健全性

遮水シートの破損により保有水が遮水工に侵入した場合，破損箇所を中心に特異な二次元温度分布を示すものと考えられる。また，遮水シートの接合部の検査孔（ダブルシーム）に光ファイバセンサを挿入しておくことにより，接合部の接合不良，または破損箇所から保有水が侵入することにより温度変化が生じ，不良の検知とその位置を特定することができると考えられる。

(3)　光ファイバセンサについて[7)]

①　光ファイバの特徴

・光ファイバ自体がセンサである。
・センサ部に電源が不要である。
・光ファイバは材質的に電磁誘導の影響を受けない。
・小型軽量（素線，100 g/km 以下）
・起爆性がない。
・化学的に安定であり，寿命 10 年以上である。
・低損失で長距離伝送が可能（1 km で信号強度 4 %の減）である。
・安価（500～3 000 円 /m）である。

② 光ファイバの種類

光ファイバの種類を**図-6.1.11**および**図-6.1.12**に示す。光ファイバはマルチモード（MM）とシングルモード（SM）に大別される。

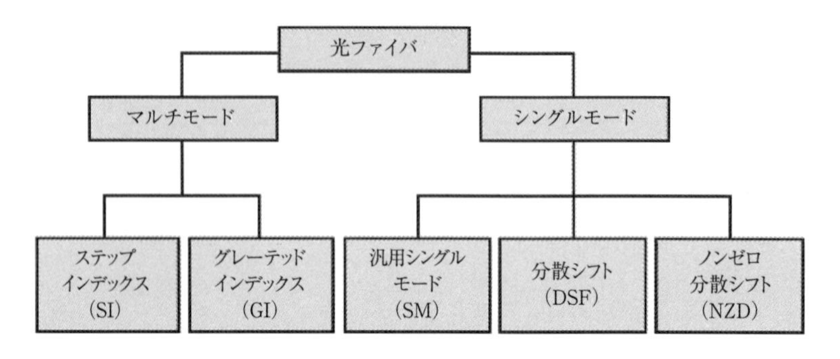

図-6.1.11　光ファイバの種類[7)]

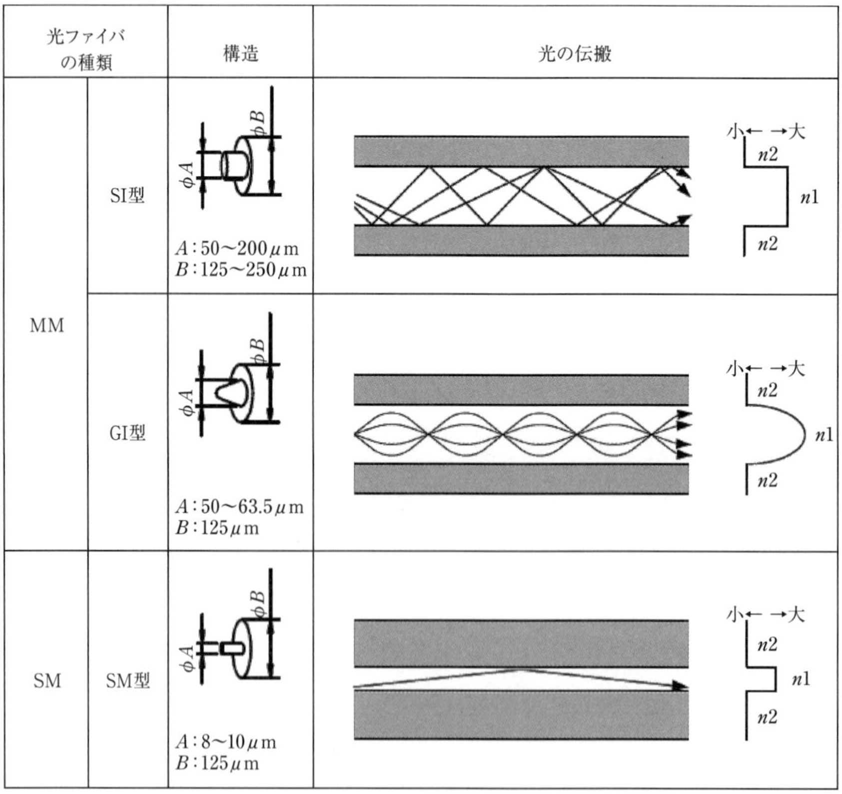

光ファイバの種類		構造	光の伝搬
MM	SI型	φA φB A：50〜200μm B：125〜250μm	小← →大 n2 n1 n2
	GI型	φA φB A：50〜63.5μm B：125μm	小← →大 n2 n1 n2
SM	SM型	φA φB A：8〜10μm B：125μm	小← →大 n2 n1 n2

図-6.1.12　光ファイバ中の光の伝搬[7)]

③ 光ファイバの被覆

図-6.1.13 に光ファイバの被覆の例を示す。

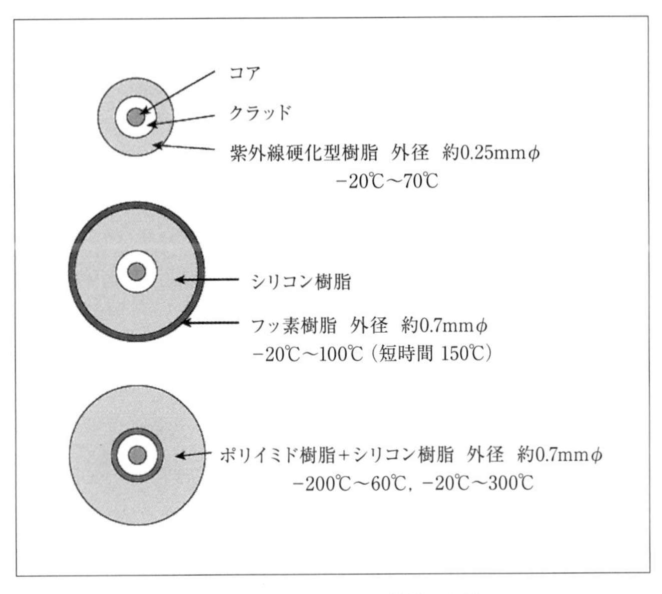

図-6.1.13　光ファイバ被覆の例[7]

④ ケーブル構造の例

図-6.1.14 にケーブル構造の例を示す。

種　別	ノンメタリック平型	SUS管内蔵型	PE被覆付 SUS管内蔵型
構　造	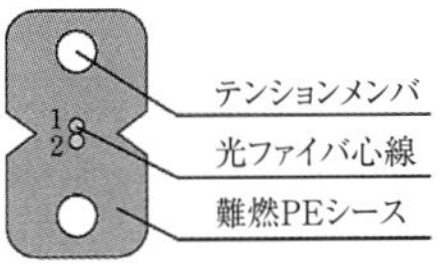 テンションメンバ 光ファイバ心線 難燃PEシース	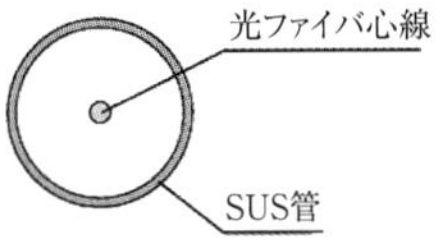 光ファイバ心線 SUS管	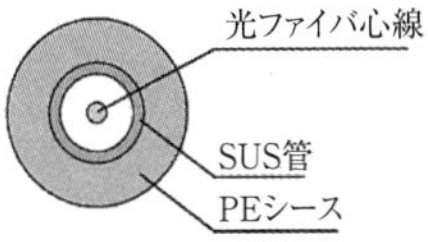 光ファイバ心線 SUS管 PEシース
温度範囲	−20～70℃（連続） 150℃以下（短時間）	−20～75℃（標準） −200～60℃（低温用） −20～300℃（高温用）	−20～75℃（標準）
適用用途	・電力ケーブル温度監視 ・暗渠内ケーブル温度監視 ・工場内設備温度監視 ・空調制御･室温管理 等	・LNG設備の低温検知 ・硫黄配管温度監視 ・ダム堤体コンクリート温度監視 ・地熱発電所蒸気井温度監視 等	・電力ケーブル温度監視(直埋設型) ・ケーブルラック温度監視 ・トンネル火災監視 等
サイズ	2×4 mm	直径 0.9×3.2 mm	直径 3×5 mm

注）　測定温度範囲，測定環境など，要望，用途に応じた光ファイバを用意する

図-6.1.14　ケーブル構造の例[7]

⑤　配線方式

ひと筆書きで配線し，その遠端を終端とするシングルエンド方式とセンサ用光ファイバを計測装置端まで戻して配線し始端側および終端側の両端から計測するループ方式がある。**図-6.1.15** に配線方式を示す。

項目	シングルエンド方式	ループ方式
システム系統	計測装置　光ファイバセンサ	計測装置　光スイッチ　光ファイバセンサ
特徴	○配線が簡便でシンプル ○計測系統が1系統 ●断線時以降の区間計測不可	●配線距離長い ●計測系統が2系統（時間が倍） ○1箇所の断線なら断線部以外計測可

図-6.1.15　配線方式[7)]

⑥　光源

一般的に，BOTDR または ROTDR と呼ばれる測定方式においては，光源は半導体レーザ（LD：laser diode）を用いる。各種光源比較を**表-6.1.2** に，各種光源のスペクトラムイメージを**図-6.1.16** に示す。

表-6.1.2　各種光源比較[7)]

光源の種類	LD	波長可変 LD	LED	SLD	ASE 光源
スペクトラム 幅線幅の目安	小 数 MHz 以下	小 数 MHz 以下	大 数十 nm	大 数十 nm	大 数十 nm
出力パワー	人	人	小	中	人
対応測定方式など	OTDR ROTDR BOTDR PNCR BOF 干渉計	FBG 掃引幅 数十 nm		FBG PNCR	FBG

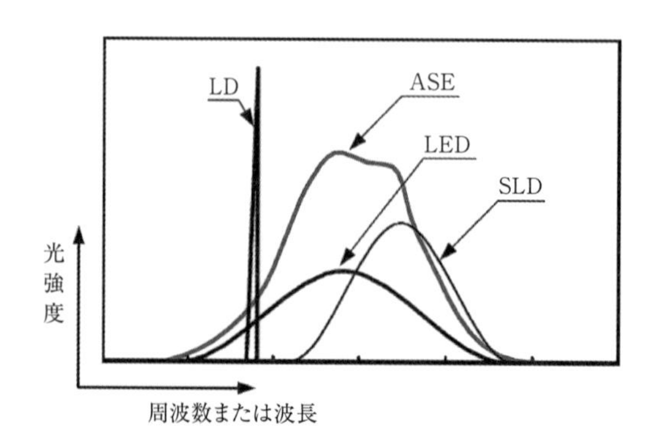

図-6.1.16　各種光源のスペクトラムイメージ図[7)]

(4) 光ファイバ測定方式

① BOTDR（Brillouin Optical Time Domain Reflecmetry）方式

光ファイバの長手方向の温度，歪分布の計測に向いているBOTDR方式を採用する。光ファイバの設置手法によって，二次元または三次元的にデータを取得することができる。

光ファイバに入射されたパルス光は，光ファイバ中を進んでいくうちに各種散乱光が生じる。散乱光の帰還時間から測定位置を，ブリルアン散乱光の周波数シフト（入射光に対する周波数の差，散乱光発生位置の温度や歪に依存）から温度や歪を測定する方式がBOTDR方式である。測定に使用する光ファイバの特性（温度や歪感度係数）を事前に確認しておき，測定したブリルアン散乱光の周波数シフトに各係数を乗じることにより，温度や歪の変化を測定することができる。

ブリルアン散乱を利用したループ方式には，BOCDA方式やBOTDA方式があり，BOTDR方式よりも空間分解能などを向上させることができる（**図-6.1.17**，**図-6.1.18** 参照）。

ループ方式に光ファイバを施工すれば，1箇所で破断があっても両端から測定することによって測定を継続することができる。

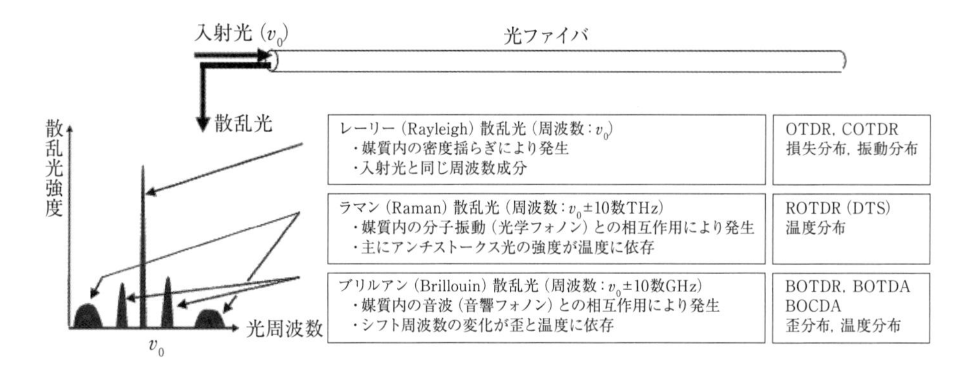

図-6.1.17 光ファイバ中で発生する散乱光[7)]

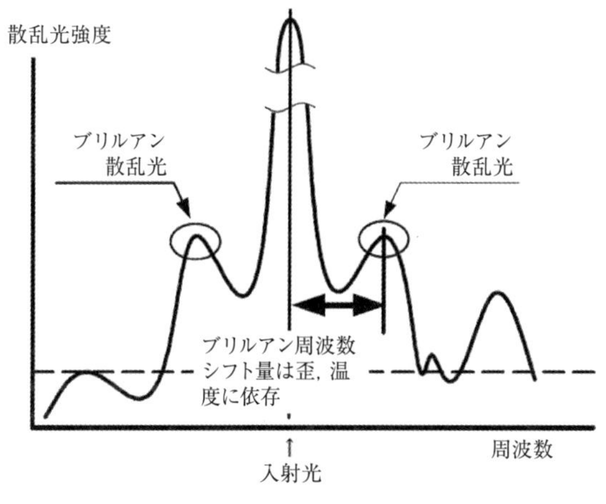

図-6.1.18 ブリルアン後方散乱光のスペクトラム[7)]

② ROTDR（Raman Optical Time Domain Reflectometry）方式

温度測定のもう一つの計測方法として，光ファイバの長手方向の温度分布の計測に向いているROTDR方式を採用する。光ファイバの設置手法によって，二次元または三次元的にデータを取得することができる。

光ファイバに入射されたパルス光は，光ファイバ中を進んでいくうちに各種散乱光が生じる。散乱光の帰還時間から測定位置を，ラマン散乱光の強度変化（散乱光発生位置の温度に依存）から温度を測定する方式がROTDR方式である。

ラマン散乱を利用したループ方式では，ROTDR方式よりも測定精度などを向上させることができる（**図-6.1.19**参照）。

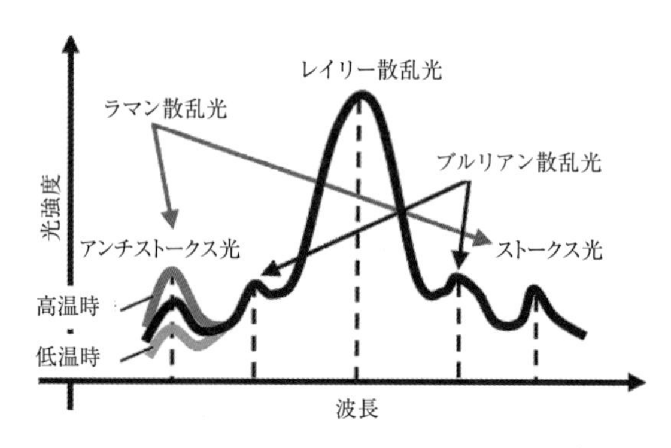

図-6.1.19　ラマン後方散乱光のスペクトラム[8)]

(5) 光ファイバセンサを用いた計測事例[9)]

2種類の光ファイバセンサを使用し，ラマン計測器（ROTDR）およびブリルアン計測器（BOCDA）を用いて計測を行った。なお，光ファイバセンサの配線は，光ファイバ全長にわたり計測部として作用させることができるループ方式である。

勾配1:2の遮水シート敷設架台（W 272 cm × D 300 cm × H 150 cm）を用いて，法面に遮水シート2枚，不織布2枚を互層に敷設した。敷設したケーブルの総延長は33.45 mである。上部不織布表面には熱源としてラバーヒータ，また熱伝導向上のためのアルミ板を養生テープで敷設した。ラバーヒータの上に敷かれた上部遮水シートの表面温度を熱赤外線カメラより撮影することとした（**図-6.1.20**参照）。

光ファイバによる温度計測の結果をもとに作成した二次元温度分布図を**図-6.1.21**（右図）に示す。光ファイバによって4箇所の熱源によって形成された二次元温度分布を捉えることができている。右下の二次元温度分布は，ラバーヒータおよびアルミ板の真下には光ファイバケーブルが敷設されていないことから明確に認識されていない。

遮水シートの破損により漏水したことを想定し，不織布に常温の水道水を注水し，光ファイバで漏水検知できるかどうかを確認した。左下ラバーヒータ設置位置における光ファイバの温度計測の経時変化を**図-6.1.22**に示す。不織布へ注水を行った数分後から温度低下が見られた。時間経過とともに不織布に水分が浸潤し，周辺雰囲気よりも温度が低下したためと考えられる。漏水に伴い温度変化が生じることにより，漏水の検知が可能であることが示唆された。

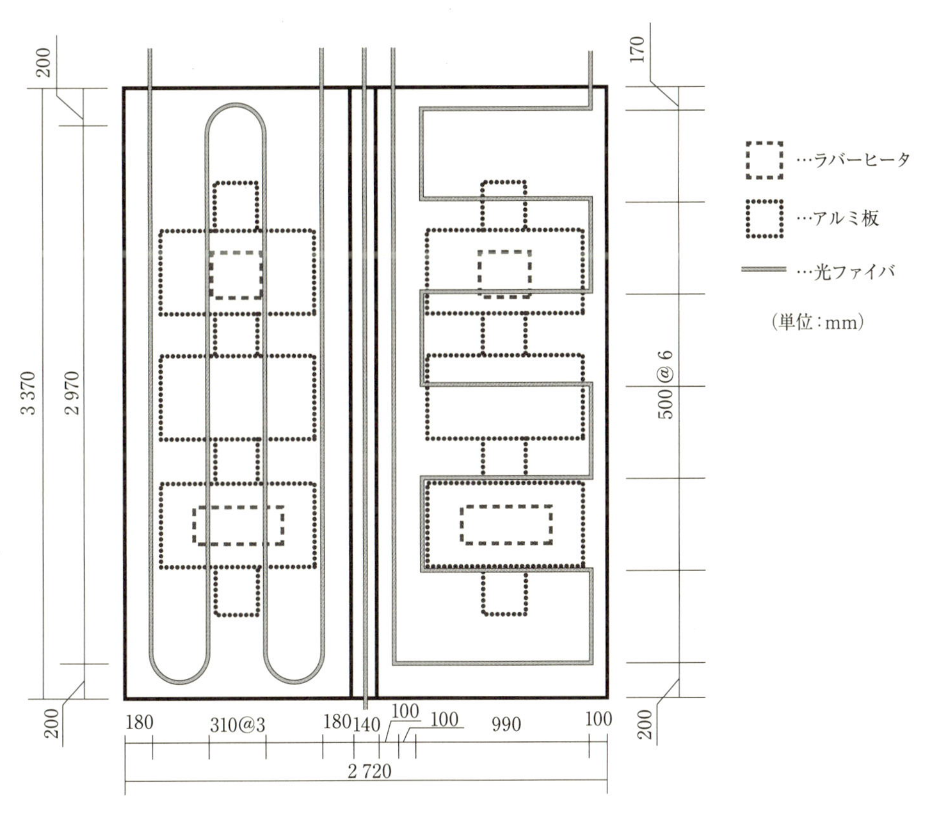

図-6.1.20 光ファイバ敷設位置

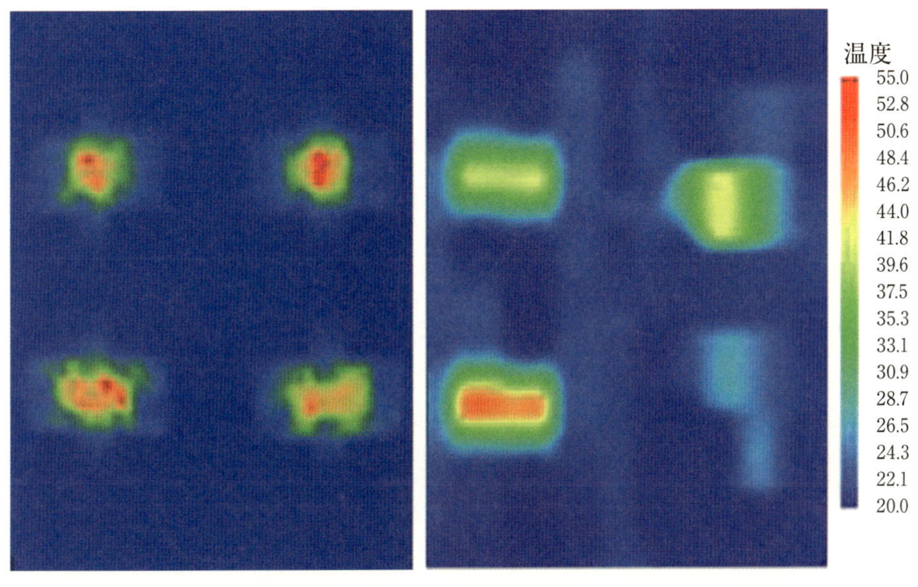

図-6.1.21 熱赤外線画像（左）とブリルアン散乱光測定（右）による二次元温度分布

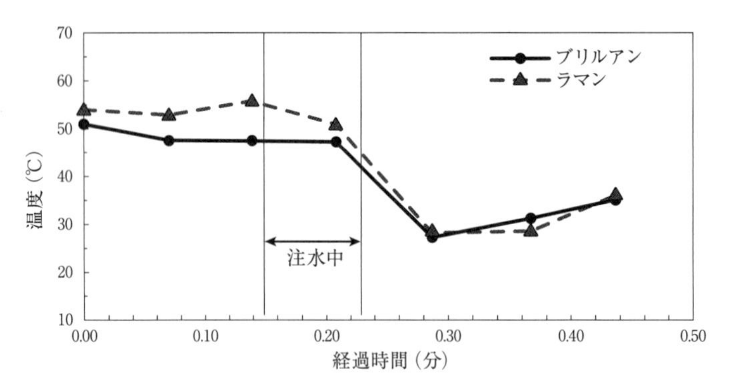

図-6.1.22　漏水による温度変化

6.2 施工に係る信頼性向上のための取り組み

施工に係る信頼性向上は，ハード面として材料品質および施工機械品質が挙げられ，ソフト面として施工管理と施工技能が挙げられる。これらを基準化したのが**表-6.2.1**に示す資格認定制度である。以下，遮水工に係る認定，資格の概要を紹介する。

表-6.2.1　遮水工に係る資格制度

ハード面の資格	ソフト面の資格	
	施工品質	維持管理
製品材料の認定	(1) 遮水工管理技術者 (2) 遮水工施工技能者 (3) 遮水管理リモートセンシング検査技術者	(1) 最終処分場技術管理者 (2) 最終処分場機能検査者 ①オープン型 ②被覆（覆蓋）型

6.2.1　製品材料の認定

遮水シート，保護マットなどの遮水工材料を本項では製品材料と称する。

(1) 製品認定制度

遮水システムの保証は，設計品質の確保，施工品質確保がなされて初めて機能するものである。日本遮水工協会では，材料品質については製品認定制度，施工品質については施工管理および施工技能の資格制度を確立している。

材料品質については，①有害物質を含まない材料で，②品質管理された製造工程で生産し，③品質規格に合格した製品を，日本遮水工協会で認定・登録し，環境対策（廃棄物最終処分場，汚染土壌対策等）にふさわしい遮水工材料の提供を推進している。なお，認定品は現場納入品に認定品マーク入りシールを貼ることもある。

(2) 製品認定品の定義

製品認定品は下記2項目が最低条件であり，特に性能指針に記載されている有害物質の溶出試験

（安全性試験）を必須としている。

① 日本遮水工協会自主基準（**表-6.2.2**～**表-6.2.5** 参照）に合格していること。

② 品質管理された製造工程で製造されていること。

なお，製品認定品については，①合成ゴムおよび合成樹脂系遮水シート，②アスファルト系遮水シート，③保護マット，④ジオシンセティッククレイライナー（GCL）が対象となっている。

表-6.2.2 遮水シートの種類と特性目安値[10]

<table>
<tr><td colspan="4" rowspan="3">項　目</td><td colspan="4">合成ゴムおよび合成樹脂系</td><td colspan="3">アスファルト系</td></tr>
<tr><td colspan="3">非補強タイプ</td><td rowspan="2">補強タイプ</td><td>シートタイプ</td><td colspan="2">吹付けタイプ</td></tr>
<tr><td>低弾性タイプ</td><td>中弾性タイプ</td><td>高弾性タイプ</td><td>含浸および積層</td><td>単独</td><td>織布</td></tr>
<tr><td rowspan="7">基本特性</td><td colspan="3">外　観</td><td colspan="5">1. 極端に湾曲していないこと
2. 異常に起伏していないこと
3. 異常に粘着していないこと
4. 裂けた箇所，切断箇所，貫通した穴がないこと
5. 凹み，異常に厚みの薄い箇所がないこと
6. 層間に剝離している部分がないこと
7. 異常な傷がないこと</td><td colspan="2">1. 異常に粘着していないこと
2. 裂けた箇所，切断箇所，貫通した穴がないこと</td></tr>
<tr><td colspan="3">厚　さ（mm）</td><td colspan="4">1.5 以上
平均値が公称厚さの－0～+15 %
ただし，測定値は－10 %～+15 %以内</td><td>3 以上</td><td colspan="2">表示値の－5 %以内</td></tr>
<tr><td colspan="3">透水係数</td><td colspan="7">1 × 10^{−9} cm/sec 相当以下</td></tr>
<tr><td colspan="2" rowspan="2">引張性能</td><td>引張強さ*（N/cm）</td><td>120 以上</td><td>140 以上</td><td>350 以上</td><td>240 以上</td><td>100 以上</td><td>10 以上</td><td>80 以上</td></tr>
<tr><td>伸び率（%）</td><td>280 以上</td><td>400</td><td>560 以上</td><td>15 以上</td><td>30 以上</td><td>100 以上</td><td>80 以上</td></tr>
<tr><td colspan="3">引裂性能
引裂き強さ（N）</td><td>40 以上</td><td>70 以上</td><td>140 以上</td><td>50 以上</td><td>30 以上</td><td>10 以上</td><td>70 以上</td></tr>
<tr><td colspan="3">接合部強度性能
せん断強度（N/cm）</td><td>60 以上</td><td>80 以上</td><td>160 以上</td><td>140 以上</td><td>50 以上</td><td colspan="2"></td></tr>
<tr><td rowspan="9">耐久性に係わる特性</td><td colspan="2" rowspan="2">耐候性紫外線変化性能（%）※(1)</td><td>引張強さ比</td><td colspan="7">80 以上</td></tr>
<tr><td>伸び率比</td><td colspan="4">70 以上</td><td colspan="3">50 以上</td></tr>
<tr><td colspan="2" rowspan="2">熱安定性（%）※(1)</td><td>引張強さ比</td><td colspan="7">80 以上</td></tr>
<tr><td>伸び率比</td><td colspan="7">70 以上</td></tr>
<tr><td colspan="3">耐ストレスクラッキング性</td><td colspan="2"></td><td>ひび割れないこと</td><td colspan="4"></td></tr>
<tr><td rowspan="4">耐薬品性</td><td rowspan="2">耐酸性（%）※(1)</td><td>引張強さ比</td><td colspan="7">80 以上</td></tr>
<tr><td>伸び率比</td><td colspan="7">80 以上</td></tr>
<tr><td rowspan="2">耐アルカリ性（%）※(1)</td><td>引張強さ比</td><td colspan="7">80 以上</td></tr>
<tr><td>伸び率比</td><td colspan="7">80 以上</td></tr>
<tr><td colspan="4">安全性（溶出濃度）</td><td colspan="7">基　準　値　以　下</td></tr>
<tr><td colspan="4">備　考</td><td colspan="7">※(1)　耐久性規格値＝基本特性×○○%
注）N 単位の換算　1 N ＝ 1.01972 × 10^{−1} kgf</td></tr>
</table>

* 樹脂系は厚さ 1.5 mm 以上（アスファルト系は 3 mm 以上）の遮水シートの 1 cm 当たりの引張強さ（N/cm）を表す（「廃棄物最終処分場整備の計画・設計・管理要領（全国都市清掃会議）」参照）

表-6.2.3　遮水シートの試験方法（その1）[10)]

区分	項目		合成ゴムおよび合成樹脂系 試験方法	合成ゴムおよび合成樹脂系 試験条件	アスファルト系 試験方法	アスファルト系 試験条件
基本特性	外観		JIS A 6008	平面に広げて観察	同左	
基本特性	厚さ		JIS K 6250	製品幅方向，等間隔に5箇所測定	同左	
基本特性	透水係数		JIS L 1099，JIS Z 0208		同左	
基本特性	引張性能	引張強さ	JIS K 6251 JIS K 6922 JIS A 6008	引張速度：50 mm/min 試験片： ダンベル状3号形または5号形（非補強タイプ） 50 mm 幅短冊またはグラブ法（補強タイプ）	JIS A 6013	引張速度：50 mm/min 試験片： 50 mm 幅短冊またはグラブ法
基本特性	引張性能	伸び率				
基本特性	引裂性能 （引裂き強さ）		JIS K 6252 JIS K 6404	引張速度：50 mm/min 試験片： 19mm 幅切込なしアングル形（非補強タイプ） 50 mm 幅トラウザ（補強タイプ）	同左	引張速度：50 mm/min 試験片： 50 mm 幅または70 mm 幅トラウザ
基本特性	接合部強度性能 （せん断強度）		JIS K 6850 JIS A 6008	引張速度： 50 mm/min	JIS A 6013	同左
耐久性に係わる特性	耐候性紫外線変化性能	引張強さ比	JIS A 1415※(1)	WS-A 型促進暴露試験装置 処理時間：5 000 hr 引張速度：50 mm/min 試験片： ダンベルル状3号形または5号形（非補強タイプ） 50 mm 幅短冊形またはグラブ法（補強タイプ）	同左	WS-A 型促進暴露試験装置 処理時間：5 000 hr 引張速度：50 mm/min 試験片： 50 mm 幅短冊形またはグラブ法
耐久性に係わる特性	耐候性紫外線変化性能	伸び率比				
耐久性に係わる特性	熱安定性	引張強さ比	JIS K 6257※(1)	加熱恒温器 処理温度：80 ℃ 処理時間：240 hr 引張速度：50 mm/min 試験片： ダンベルル状3号形または5号形（非補強タイプ） 50 mm 幅短冊形またはグラブ法（補強タイプ）	同左	加熱恒温器 処理温度：80 ℃ 処理時間：240 hr 引張速度：50 mm/min 試験片： 50 mm 幅短冊形またはグラブ法
耐久性に係わる特性	熱安定性	伸び率比				
耐久性に係わる特性	耐ストレスクラッキング性		JIS K 6922-2	ノニルフェニルポリオキシエチレン・エタノール 10 %液 処理温度：60 ℃ 処理時間：1 500hr		
備考			※（1）　耐久性規格値＝基本特性×○○% 注）　N 単位の換算　1 N ＝ 1.01972 × 10^{-1}kgf			

表-6.2.4　遮水シートの試験方法（その 2）[10)]

<table>
<tr><th colspan="4" rowspan="2">項　目</th><th colspan="2">合成ゴムおよび合成樹脂系</th><th colspan="2">アスファルト系</th></tr>
<tr><th>試験方法</th><th>試験条件</th><th>試験方法</th><th>試験条件</th></tr>
<tr><td rowspan="4">耐久性に係わる特性</td><td rowspan="4">耐薬品性</td><td rowspan="2">耐酸性</td><td>引張強さ比</td><td rowspan="2">JIS K 6258※ (1)</td><td rowspan="2">処理液:0.05 % H_2SO_4 (pH=2)
処理温度：60 ℃
処理時間：240 hr
引張速度：50 mm/min
試験片：
ダンベルル状 3 号形または 5 号形（非補強タイプ）
50 mm 幅短冊形またはグラブ法（補強タイプ）</td><td rowspan="2">同左</td><td rowspan="2">処理液:0.05 % H_2SO_4 (pH=2)
処理温度：60 ℃
処理時間：240 hr
引張速度：50 mm/min
試験片：
50 mm 幅短冊形またはグラブ法</td></tr>
<tr><td>伸び率比</td></tr>
<tr><td rowspan="2">耐アルカリ性</td><td>引張強さ比</td><td rowspan="2">IIS K 6258※ (1)</td><td rowspan="2">処理液：飽和
$Ca(OH)_2$ (pH=12)
処理温度：60 ℃
処理時間：240hr
引張速度：50 mm/min
試験片：
ダンベルル状 3 号形または 5 号形（非補強タイプ）
50 mm 幅短冊形またはグラブ法（補強タイプ）</td><td rowspan="2">同左</td><td rowspan="2">処理液：飽和
$Ca(OH)_2$ (pH=12)
処理温度：60 ℃
処理時間：240hr
引張速度：50 mm/min
試験片：
50 mm 幅短冊形またはグラブ法</td></tr>
<tr><td>伸び率比</td></tr>
<tr><td colspan="4">安全性（溶出濃度）</td><td>昭和 48 年
環告第 13 号法
昭和 46 年
総理府令 35 号</td><td>溶出液：蒸留水（20 ℃）
溶出時間：6 hr（振とう）
測定項目：排水基準項目</td><td colspan="2">同左</td></tr>
<tr><td colspan="4">備　　考</td><td colspan="4">※（1）　耐久性規格値＝基本特性×○○%
注）　N 単位の換算　1 N ＝ 1.01972 × 10^{-1} kgf</td></tr>
</table>

表-6.2.5　保護マットの種類と特性目安値[10)]

<table>
<tr><th colspan="2">項　目</th><th>単位</th><th>試験法</th><th>長繊維不織布</th><th>短繊維不織布</th><th>反毛フェルト*</th><th>ジオコンポジット</th></tr>
<tr><td colspan="2">材　質</td><td></td><td></td><td colspan="4">合成繊維・合成樹脂</td></tr>
<tr><td colspan="2">目付量</td><td>g/m²</td><td></td><td>400 以上</td><td>500 以上</td><td>1 000 以上</td><td>－</td></tr>
<tr><td rowspan="2">基本特性</td><td>引張強さ</td><td>N/5 cm</td><td>JIS L 1908</td><td>925 以上</td><td>140 以上</td><td>100 以上</td><td>500 以上</td></tr>
<tr><td>貫入抵抗</td><td>N</td><td>ASTM D4833</td><td colspan="4">500 以上</td></tr>
<tr><td rowspan="2">耐久性</td><td>耐候性</td><td>N</td><td>JIS A 1415</td><td colspan="4">WS 形促進暴露試験後（1 000 hr 以上）の貫入抵抗 500 以上</td></tr>
<tr><td>遮光性</td><td>%</td><td>JIS L 1055</td><td colspan="4">95 以上</td></tr>
<tr><td>安全性</td><td>溶出濃度</td><td></td><td>環告第 13 号法
総理府令第 35 号</td><td colspan="4">溶出試験において，排水基準値以下であること</td></tr>
</table>

＊　JIS L 3204「反毛フェルト」の第 3 種（合成繊維を主体としたもの）4 号相当以上

6.2.2　施工管理に必要な資格

(1)　遮水工資格制度

廃棄物最終処分場の遮水システムの機能保証（品質保証）は設計品質の確保，遮水材料品質および施工品質の確保にある。特に，施工品質の確保は，適切な技術，知見を有する技術者がいなければ，適切な材料や施工計画であっても十分とはいえない。

日本遮水工協会では如何に施工品質を確保するかという観点から施工技術の標準化を行い，遮水工事に係わる資格制度を導入することにより，遮水工事における材料管理，施工管理，工程管理，安全管理等一連の管理が適切に行える仕組みを構築している。

資格制度の内容は，遮水工事のレベルアップならびに資質の向上を目指し，遮水工管理技術者・施工技能者の技術検定，実技試験および更新講習を実施している。

表-6.2.6　資格者の役割および要件

資　格	種別	役　　割	能　力　要　件
遮水工管理技術者	1 級 2 級	遮水工管理技術者は，遮水工の施工実施段階で，施工計画から施工完了・引渡しまでの施工管理に係る役割を担うものとする。	遮水工事における施工計画・施工図の作成，工事の工程・品質・安全衛生管理等を的確に行うための高度な技術力・判断力ならびに指導等の総合的な能力を有し，遮水シート工事全体の把握を行い，対外的な技術交渉力を有する者。
遮水工施工技能者	1 級	遮水工施工技能者は，遮水工の施工実施段階で下地の状態が施工できる状態かどうかの確認を行い，確実な施工による施工品質を確保し，安全作業に徹する役割を担う。	現場において施工技能に関して指導的立場にある者で，遮水シート工事全体の一般 的な知識・工程管理・安全作業管理・使用する機材の取扱いおよび接合部の自主管理に関して十分な知識を有し，いかなる現場状況においても的確に判断・指導ができる能力を有する者
	2 級		遮水シートの接合作業に係る業務の一般的知識と使用する接合機の取扱いに関しての施工実務能力を有し，現場において単独で安全かつ確実に遮水シートおよび保護材の接合作業が円滑にできる者

注）　各資格の等級基準は経験年数と施工面積または施工件数により別途定める。

(2)　遮水管理リモートセンシング検査技術者制度

廃棄物最終処分場において，土壌汚染，地下水汚染を防止する役割を担っているのは遮水シートである。しかし，従来の遮水シートの接合部検査では全数検査が難しいことや接合部の品質を科学的に評価できるデータを残せないという課題があった。

環境・遮水管理センシング技術研究会では，遮水シートを熱融着接合する際の接合部の温度と接合部の引張強度との間に関係性があることを利用し，温度を指標として接合部の品質を客観的に評価する非破壊検査技術である「熱画像リモートセンシングによる遮水シート接合部の検査法」を新たに開発し，実現場に適用してきた。本検査技術は，すでに多数の廃棄物最終処分場の建設現場において採用された実績を有している。また，福島第一原子力発電所の事故に起因して発生した除染廃棄物や除染土壌を収容する中間貯蔵施設の建設において，環境省が本検査技術をICT（Information and Communication Technology）技術の一つとして位置付けた。

環境・遮水管理センシング技術研究会では，遮水管理リモートセンシング検査の管理技術者の人材育成が重要との観点より，遮水管理リモートセンシング検査技術者認定制度を2022年度より実施している。

6.2.3 維持管理に必要な資格

廃棄物処理施設の日常管理は技術管理者が担い，都道府県知事が実施する定期検査は機能検査者が担うことが望ましいとされている。

(1) 最終処分場技術管理者制度

廃棄物処理施設の設置者（市町村にあっては管理者）は「廃棄物の処理および清掃に関する法律」（以下「廃棄物処理法」という）第21条により，技術管理者を置くことが義務付けられている。この技術管理者は，廃棄物処理法施行規則第17条に規定する要件を備えていることが求められている。技術管理者の業務について「全国廃棄物処理担当主管課長会議」(厚生省主催，平成4年7月7日）の提出資料で以下のように示されている。

① 廃棄物処理施設の維持管理要領の立案（搬入計画，搬入管理，運転体制，保守点検方法，非常時の対処方法等）

② 廃棄物処理施設の運転および他の職員の監督

③ 廃棄物処理施設の定期保守点検および必要な修理，改善の実施

④ 廃棄物処理施設の設置者に対する改善事項等についての意見の具申等

一方，厚生省生活衛生局水道環境部環境整備課長通知（衛環第96号，平成12年12月28日）において，「技術管理者等の資質の向上を図ることは，廃棄物の適正処理を推進するために重要であり，かかる観点から，廃棄物処理施設および事業場の類型ごとに必要な専門的知識および技能に関する講習等を修了することが望ましいものであること。」と示されている。また，施行規則第17条第4項で規定する同等以上の知識および技能を有すると認められる者の判断を日本環境衛生センターが実施している講習の受講修了者等としており，同センターが実施する講習を終了した者は同センターから「(各廃棄物処理施設）技術管理士」認定証が交付される。

(2) 最終処分場機能検査者資格制度

2010年の廃棄物処理法の改正に伴い，廃棄物最終処分場の維持管理対策の強化として，廃棄物最終処分場の設置者に対し，都道府県知事による当該施設の定期検査が義務付けられた。廃棄物最終処分場の安全性の向上と関係市町村をはじめ周辺住民への信頼性の向上のためにも，都道府県知事の検査を受ける前に機能検査登録団体による機能診断を受けて対応することが望ましい。

廃棄物最終処分場の埋立期間はおおむね15年間で，埋立が終了した後も廃止まで維持管理が行われる。埋立開始から廃止までの長期にわたり安全で安心できるように施設を維持していくことが社会から求められている。しかし，この間に計画時と異なる条件・環境で維持管理しなければならない場合，予期できない種々の問題が発生する。定期的に機能検査を行うことで，これらの問題を早期に発見し対応することが廃棄物最終処分場の機能を保全し，その能力を十分に発揮させるために必要である。廃棄物最終処分場の健全性が保たれれば，将来的には延命化や早期安定化に寄与することもでき，維持管理費用も安くなると考えられる。維持管理のポイントは，異常を早く把握して，確実に修復することにある。

最終処分場機能検査者は，廃棄物最終処分場の施設・設備について経年的にその機能が健全であるかを第三者の立場で検査し，維持管理的に発生しているトラブルを未然に防止する者として，専門的な知見を有する者をいう。特定非営利活動法人最終処分場技術システム研究協会（NPO法人LSA）に設置されている最終処分場機能検査資格認定専門委員会が実施する資格認定試験の合格者は機能検査者として登録され，「（各施設）機能検査者」の登録証が交付される。また，機能検査者が所属する団体等を登録検査団体（NPO法人LSAも登録検査団体）として認定している。なお，機能検査者の種類には，オープン型最終処分場機能検査者，被覆型最終処分場機能検査者，浸出水処理施設機能検査者がある。

参考文献

1)　日本遮水工協会：http：//www.nisshakyo.gr.jp/index.html（閲覧日2022年10月1日）
2)　島岡隆行：最終処分へのリモートセンシング技術，デジタル技術の導入による維持管理について，廃棄物処理施設技術管理協会 環境技術会誌，第185号，pp.311-314，2021
3)　中山裕文，島岡隆行，作左部公紀，上田滋夫，青山克巳，坂口伸也，吉田宏三郎：最終処分場遮水シート接合における熱画像検査法の開発と実証試験，ジオシンセティックス論文集，Vol.28，pp.127-134，2013
4)　中山裕文，作佐部公紀，小宮哲平，島岡隆行：遮水シート熱画像検査法における閾値温度推定のための伝熱モデルに関する研究，ジオシンセティックス論文集，第30巻，pp.141-146，2015
5)　土木学会：https：//www.jsce.or.jp/prize/prize_list/3_kankyo.shtml#s2020（閲覧日2022年12月1日）
6)　最終処分場技術システム研究協会／持続可能社会推進コンサルタント協会：最終処分場建設工事標準発注仕様書（土木建築編），p.61，2020を一部改変
7)　光ファイバセンシング振興協会：光ファイバセンサ入門，p.36，p.52，p.58，p.79，p.80，p.111，2012
8)　住友電気工業：FTS3500カタログ
9)　小宮哲平，浜田梨央，島岡隆行，今井道男，小澤一喜：廃棄物埋立地の遮水シートの温度分布推定および漏水検知における光ファイバセンサの適用可能性，ジオシンセティックス論文集，第37巻，pp.113-118，2022
10)　日本遮水工協会自主基準表

廃棄物最終処分場における
遮水工材料の耐久性評価ハンドブック　　定価はカバーに表示してあります。

2024年11月1日　1版1刷発行　　ISBN 978-4-7655-3483-3 C3051

編　者　国際ジオシンセティックス学会日本支部
ジオメンブレン技術委員会

発行者　長　滋　彦

発行所　技報堂出版株式会社

〒101-0051　東京都千代田区神田神保町1-2-5
電　話　営　業（03）（5217）0885
編　集（03）（5217）0881
FAX（03）（5217）0886
振替口座　00140-4-10
http://gihodobooks.jp/

日本書籍出版協会会員
自然科学書協会会員
土木・建築書協会会員

Printed in Japan

装幀　ジンキッズ　　印刷・製本　三美印刷

落丁・乱丁はお取り替えいたします。